旱地小麦栽培技术模式及水肥高效利用机制

HANDI XIAOMAI ZAIPEI JISHU MOSHI
JI SHUIFEI GAOXIAO LIYONG JIZHI

任爱霞　著

中国农业出版社
农村读物出版社
北　京

图书在版编目（CIP）数据

旱地小麦栽培技术模式及水肥高效利用机制／任爱霞著．—北京：中国农业出版社，2022.10
ISBN 978-7-109-29828-6

Ⅰ.①旱… Ⅱ.①任… Ⅲ.①旱地-小麦-栽培技术②旱地-小麦-肥水管理 Ⅳ.①S512.1

中国版本图书馆 CIP 数据核字（2022）第 146848 号

中国农业出版社出版

地址：北京市朝阳区麦子店街 18 号楼
邮编：100125
责任编辑：魏兆猛　文字编辑：张田萌
版式设计：王　晨　责任校对：吴丽婷
印刷：北京大汉方圆数字文化传媒有限公司
版次：2022 年 10 月第 1 版
印次：2022 年 10 月北京第 1 次印刷
发行：新华书店北京发行所
开本：880mm×1230mm　1/32
印张：4.5
字数：126 千字
定价：30.00 元

前 言

FOREWORD

我国北方旱区面积约占全国旱区面积的 73%，小麦是该区的主要粮食作物之一，其生产对保障该区乃至全国粮食安全至关重要。该区小麦生产存在降水少且分布不均匀、土壤贫瘠、产量低而不稳、水分养分利用效率低等实际问题。从 2009 年开始在典型的旱作麦区山西闻喜建立旱地小麦基地，每年 6 个月驻扎基地，开展旱地小麦休闲期"三提前"蓄水保墒技术研究。本团队已经围绕"旱地小麦休闲期'三提前'蓄水保墒技术"出版了著作，揭示了该技术的蓄水、用水、地上部生长、产量形成、蛋白质形成机理。同时，该部分内容总结凝练成"旱地小麦蓄水保墒增产技术与配套农业机械的研发应用"，并于 2015 年申报并荣获山西省科技进步（科学技术类）一等奖。旱地小麦休闲期采用"三提前"蓄水保墒技术后，播前水分改善，研究其配套的旱地小麦高产高效品种筛选、规范化播种方式、施肥技术等完善该技术，对形成旱地小麦蓄水保墒高产高效栽培技术体系具有重要意义。因此，本书涉及的相关试验依然在山西农业大学闻喜试验基地开展，由 3 名教师指导 6 名研究生完成。本书分为七章：第一章为旱地小麦水肥高效利用的研究进展，第二章为试验设计与测定方法，第三章为旱地小麦土壤水分吸收利用规律的研究，第四章为旱地小麦地上部物质形成的研究，第五章为旱地小麦植株氮素吸收利用特性的研究，第六章为旱地小麦产量形成的研究，第七章为旱地小麦水、氮利用效率的研究。本书介绍了旱地小麦休闲期"三提前"蓄水保墒技术的高产高效品种及其水肥高效利用机制，揭示了旱地小麦休闲期"三提前"蓄水保墒技术下适宜的播种方式和播量及其水肥高效利用机制，明确了旱地小麦休闲期"三提前"蓄水保墒技术下高产高效的施氮量、施磷量、氮磷配施比例及其水肥高效利用机制，进一步完善了旱地小麦休闲期"三提前"蓄水保墒技术体系，可为北方旱作麦区高产高效栽培提供理论依据和技术支撑。

　　由于时间仓促，加上水平有限，疏漏之处在所难免，敬请读者批评指正。

任爱霞

2022 年 1 月

目 录 //////////
CONTENTS

前言

第一章 旱地小麦水肥高效利用的研究进展

第一节 研究背景及意义

小麦是我国主要的粮食作物，推行绿色生产方式、促进农业可持续发展是目前我国促进农业向绿色转型的宗旨，以"绿色、安全、高品质"农产品满足群众消费升级的需求，这将是科学家研究的方向。产量和水肥利用效率的高低不仅与品种资源密切相关，还与栽培措施有关。通过规范的栽培措施挖掘品种潜力，促进产量和水肥利用效率同步提升，节约资源、降低成本、保护生态环境，将效益最大化，是现代小麦生产的终极目标。

山西省小麦种植面积约 53.3 万 hm^2，旱地小麦种植面积约占全省小麦种植面积的一半，因此，旱地小麦产量的高低一定程度上决定着每年山西省小麦产量的高低。目前，旱地小麦生产上主要存在的实际问题是降水少且分布不均、土壤贫瘠、产量低而不稳、比较效益低下。

黄土高原旱作麦区水资源在数量上不足、不稳，且利用难度大，而自然降水是旱地农田唯一的水分来源。降水受季风的影响有明显的季节性，自然降水约 60% 集中在 7—9 月，1—6 月和 10—12 月仅占 40%，满足小麦生育中后期旱季对水分的需求很关键。因此，最大限度蓄积 7—9 月的自然降水，是旱地小麦稳产的保证。前人长期的生产实践积累了蓄水保墒的经验，主要在休闲期采用耕作方式，20 世纪 80—90 年代的"四早三多"、21 世纪的"三提前"等都是实现降水资源跨季节利用、水肥利用效率同步提升的重要措施。

因此，本文研究旱地小麦不同品种、休闲期耕作蓄水保墒技术、规范化播种技术、氮磷肥施用技术对水氮吸收利用、水氮利用效率与产量形成的影响，探寻旱地小麦蓄水保墒技术下最适播种方式、最适氮磷肥，为旱地小麦绿色、高效、安全生产提供理论基础和技术支撑。

第二节　国内外研究现状及发展动态

一、水肥高效利用旱地小麦品种的研究进展

（一）不同旱地小麦品种水分吸收、利用差异

在不同水分条件下，不同旱地小麦品种间的产量和水分利用效率（WUE）差异显著，产量相差达 44.86%，水分利用效率相差达 42.18%（董宝娣等，2007）。吴金芝等（2015）在河南洛阳的研究表明，在干旱胁迫下，强抗旱性品种较中等抗旱性品种和弱抗旱性品种生育前期的吸水能力较强，生长发育性能好，开花前的物质积累量高，具有较高的水分利用效率和产量。张学品等（2012）研究表明，干旱胁迫导致产量下降 2.4%～56.2%，水分利用效率增加 17.0%～84.9%，而产量下降幅度随品种抗旱性的增强而逐渐减弱，水分利用效率的增加幅度则随品种抗旱性的增强而增加。歉水年强抗旱性品种的水分利用效率及产量高，具有较好的节水增产效果，平水年强抗旱性品种中晋麦 92 和运旱 20410 产量仍表现较好；弱抗旱性品种抗旱性差，仅在平水年时水分利用效率和产量较高，节水增产效果好。同时，当耗水量增加 1 mm，强抗旱性品种产量增加约 29.60 kg/hm²，弱抗旱性品种产量增加约 47.59 kg/hm²（任婕等，2020）。

（二）不同旱地小麦品种氮素吸收、利用差异

余松烈等（1981）研究表明，不同产量水平的小麦品种不同生育时期吸氮量及比例不同。凌启鸿（1995）研究表明，氮素的高效吸收期是小麦拔节—开花期，高产群体较低产群体生育期总吸氮量高，且拔节—开花期吸氮比例也有明显提高，在氮、磷、钾肥吸收量均能满足相应的产量要求时，拔节—开花期吸氮比例的提高有利

于产量的提高。另外，大量研究表明，小麦植株中的氮素主要来自花前氮素运转量，花后氮素积累量所占比例不大，且在不同品种间存在差异；籽粒中氮约70％来自花前氮同化，30％来自花后氮同化（何文寿等，1997；贾月慧等，1999；张国平等，1996）。高产品种拔节—成熟期植株氮素积累量、各生育阶段植株氮素吸收量、开花—成熟期氮素吸收量所占比例、花前氮素运转量（除运旱618）、花后氮素积累量及其对籽粒的贡献率、氮素吸收效率、氮素利用效率和氮素生产效率均高于低产品种（王旭红等，2015）。由于旱作麦区品种繁杂混乱，产量、氮素吸收积累特性存在种间差异，因此，选择适宜的品种是旱地小麦高效生产的主要手段。

二、休闲期耕作对旱地小麦水肥高效利用影响的研究进展

（一）休闲期耕作对旱地麦田水分吸收、利用的影响

旱地麦田采用不同的耕作措施，对土壤物理、化学、微生物等造成不同影响，进而影响土壤水分在不同土层的分布以及作物对水分的利用能力，目前，我国耕地主要采取的耕作措施包括深翻耕、深松、免耕，其对土壤水分的影响也各不相同。余海英等（2011）研究表明，实施免耕措施使土壤容重降低，土壤团聚体形成，有利于土壤保蓄能力的提高，实现增产。毛红玲等（2010）研究表明，休闲期深松、免耕较深翻 3 m 内土壤水分分别提高 4.5％、5.5％。杨永辉等（2014）研究表明，深松可以改善土壤水分，调节冬小麦光合特征，增加植株干物质积累，提高产量、水分生产率分别达19.6％、38.3％。任爱霞等（2017）、孙敏等（2018）、薛玲珠等（2019）研究表明，旱地小麦在夏季休闲期深翻或深松可大量蓄积休闲期降水，提高播前 0～300 cm 土壤蓄水量，改善底墒，减少前期耗水、增加中后期耗水，优化了土壤水分利用规律。宋欣（2017）休闲期采用深松-深松、深松-深翻模式较深翻-深翻、免耕-免耕模式显著提高了施肥条件下越冬—开花期 0～300 cm 土壤蓄水量，且深松-深松模式高于深松-深翻模式，而降低了成熟期 0～300 cm 土

壤蓄水量。

（二）休闲期耕作对旱地小麦氮素吸收、利用的影响

深松能提高土壤氮素的矿化率，增加土壤矿质氮含量。同时，深松打破了犁底层，促进了作物根系的生长，从而有利于土壤氮素的吸收和利用（秦红灵等，2008）。王德梅等（2010）研究表明，对籽粒氮素积累量而言，花前氮素运转量对籽粒的贡献率起主导作用。郑成岩等（2012）在济南小孟镇的研究认为，深松＋条旋耕和深松＋旋耕较条旋耕和旋耕可促进拔节后氮素的吸收，增加了氮素积累量。改善土壤水分状况不仅可促进植株氮素的吸收，而且影响了氮素自营养器官向籽粒的转移，增加总氮素产量（赵广才等，2004；孟晓瑜等，2012）。有研究认为，深松＋条旋耕和深松＋旋耕较条旋耕和旋耕提高了 0～200 cm 土层土壤贮水量，增加了开花期营养器官中贮存氮素向籽粒中的转移量和转移率（郑成岩等，2011；郑成岩等，2012）。任爱霞等（2012）、孙敏等（2014）研究表明，夏闲期耕作可显著提高各生育时期植株氮素积累量、开花期叶片和茎秆＋茎鞘氮素积累量、成熟期籽粒氮素积累量，可显著提高茎秆＋茎鞘氮素运转量及其对籽粒的贡献率、叶片氮素运转量、花前氮素运转量、花后氮素积累量，最终提高氮素吸收效率和氮素生产效率。

（三）休闲期耕作对旱地小麦产量、水肥利用效率的影响

长期的免耕结合秸秆覆盖，形成坚实的犁底层，阻碍了表层土壤水分的下渗和根系生长（Putte et al.，2012）。免耕结合深松处理可打破犁底层，降低土壤容重，增加土壤通透性，促进水分垂直方向流动性增强；在地中海气候区，深松处理可增加雨养小麦籽粒产量，且在首次深松处理后的第四年度，小麦籽粒产量并未降低（Martínez et al.，2012）。陈四龙等（2006）研究表明，旋耕与翻耕相比水分利用效率得到提高，而旋耕与深松耕相比水分利用效率降低。侯贤清等（2009）研究表明，翻耕条件下旱地冬小麦水分利用效率达到最高值，分别高于深松、免耕。张慧芋等（2017）研究表明，休闲期耕作显著增加旱地小麦播种前 0～100 cm 土壤蓄水

量，达 18～36 mm，且其蓄水效果可延续至孕穗期，提高穗数达 6.2%～18.6%，提高产量达 10.9%～26.2%，且以深松效果更佳，显著提高旱地小麦水分利用效率 5.6%～15.2%。闫秋艳等（2021）研究表明，休闲期深松和深翻比免耕均能提高旱地小麦播前和返青期 0～200 cm 土壤蓄水量，以深翻效果最佳，增加作用主要集中在 0～100 cm 土层水分利用效率，最终两年度深松和深翻分别增加 12.7% 和 46.74%、53.70% 和 94.91%，且在较干旱年份（2018—2019 年）增加效果更明显。

三、播种方式对旱地小麦水肥高效利用影响的研究进展

（一）播种方式对旱地麦田水分吸收、利用的影响

地膜覆盖是 20 世纪 80 年代开始普遍采用的蓄水保水措施。刘金海等（2005）研究表明，在小麦生长期间，不同播种方式下的土壤水分变化趋势基本一致，大体分为两个阶段：小麦生长前期，随土层深度增加，土壤含水量增加；中后期，随气温升高及作物耗水量增加，土壤含水量减少。平膜穴播、垄上覆膜穴播沟中覆草、垄上覆膜沟内条播覆草的保墒作用主要在小麦生育前期，越冬期 100 cm 内各土层的土壤含水量均明显高于对照（露地条播），返青期 0～60 cm 土层的土壤含水量明显高于对照，拔节期 0～40 cm 土层的土壤含水量明显高于对照；在小麦生育后期，四种覆膜栽培措施保墒作用均不明显。郭媛等（2015）研究表明，夏闲期深翻覆盖后，播种前 0～300 cm 土层土壤蓄水量提高 70～80 mm，尤其是 80 cm 以下土层；成熟期 0～300 cm 各土层土壤蓄水量均低于播种前，尤其是 0～160 cm 各土层低 20～30 mm。

探墒沟播、宽幅条播是目前应用广泛的两种播种方式。探墒沟播技术采用联合机械作业，模式较为简单，播种在沟渠内进行，具有播种深、覆土浅、镇压重的特点。岳俊芹等（2006）、李吾强等（2008）研究表明，沟播耕作土壤坚固而不松散，具有很强的保存能力，在水渗透后不易丢失，大致分布在 0～50 cm 土层，实现了

雨水的积累，有效控制了无效蒸发，且冬小麦根系大多生长在 20～40 cm，利于冬前期小麦根系和植株茎的生长发育。探墒沟播不需要底水，有利于节约水资源提高生产力，特别是在雨季，可以提高土壤的蓄水强度；探墒沟播有利于麦苗保温防寒，高低起伏的地势提高浅层土壤积温，它还减少了风水的侵蚀，延长了冬季前的生长期，创造了小麦优良生育条件和利于前期植株生长（梁志刚等，2017）。王会文等（2020）研究表明，探墒沟播较常规条播越冬期、拔节期 0～300cm 土壤蓄水量显著提高，分别达 11.24～22.35mm、17.11～25.56 mm。

宽幅条播技术的核心是"扩大行距，扩大播幅，健壮个体，提高产量"，有利于提高个体发育质量、构建合理群体，对小麦前期促蘖、中期促穗、后期攻粒具有至关重要的作用和效果（余松烈等，2010；刘金权，2011）。宽幅条播后，土壤贮水消耗量及总耗水量均为 360 万株＞270 万株＞180 万株、90 万株，140～160 cm、160～180 cm、180～200 cm 土层土壤贮水消耗量 180 万株处理显著高于 90 万株、270 万株、360 万株；拔节—开花期的阶段耗水量、耗水模系数 180 万株处理均显著高于其他处理，日耗水量 180 万株处理与 270 万株、360 万株无显著差异，但显著高于 90 万株（孔令英等，2020）。

（二）播种方式对旱地小麦氮素吸收、利用的影响

赵杰等（2021）研究表明，与常规条播处理相比，探墒沟播处理显著提高了生育期总耗水量（增幅 2.0％～4.8％）和植株各生育时期氮素积累量。孟庆阳等（2016）研究表明，宽幅条播增加了开花前的氮含量，比常规条播提高了 14.5％。初金鹏等（2018）研究表明，不管泰安、兖州试验点，与常规条播相比，宽幅条播实现增产，分别增加 22.5％、15.4％，小麦氮素吸收积累、氮素吸收效率增加。

（三）播种方式对旱地小麦产量、水肥利用效率的影响

刘金海等（2005）在渭北黄土高原区的研究结果表明，平膜穴播、垄上覆膜穴播沟中覆草和垄上覆膜沟内条播覆草三种处理具有

显著的保水与增产效果，秸秆覆盖条播的保水效果不明显，但也有一定的增产作用，达 56.8%、14.7%、43.5% 和 47.5%。党廷辉等（2008）研究表明，地膜和秸秆双元覆盖模式下小麦籽粒产量比对照增产 12.11%～17.65%，水分利用效率比常规栽培提高 7.2%～30.8%，土壤 0～20 cm 土层的含水量提高到 12%～16%，地膜和秸秆双元覆盖模式能够显著地提高作物产量和水分利用效率。

沟播较常规播种提高穗数 4.5%～12.0%，增产 4.6%～8.0%（薛远赛等，2016）。薛远赛等（2016）针对盐碱地质的研究表明，沟播较平播显著提高小麦旗叶的可溶性糖含量，提高籽粒灌浆速率、干物质积累及其对花后籽粒产量的贡献率，最后通过增加穗数实现增产。探墒沟播，有利于延长功能性绿叶面积的持续时间，促进灌浆阶段小麦穗粒重增加，增加有效穗数和穗粒重，较常规条播两年度分别增产 53% 和 49%（刘小丽等，2018）。王会文等（2020）研究表明，探墒沟播较常规条播显著降低深翻条件下播前—拔节耗水量及其所占比例，提高拔节后耗水量，提高生育期总耗水量 11.89～21.13 mm；降低越冬—拔节群体分蘖增加率和拔节—开花减少率，提高成穗率、穗长、小穗数和可孕小穗数；增加穗数、穗粒数和千粒重，产量和水分利用效率分别提高 16.39%～19.12% 和 12.67%～13.15%。赵杰等（2021）研究表明，与常规条播处理相比，探墒沟播处理使产量显著提高 6.8%～12.4%、生育期水分利用效率提高 4.5%～7.2%、氮肥吸收效率提高 4.4%～10.3%、氮肥偏生产力提高 6.9%～12.4%。

段剑钊等（2015）研究表明，宽幅条播较常规条播分别增加 9% 的穗数和 9% 的产量。宽幅条播处理较常规条播有效提高了小麦播种质量，缓和麦苗个体竞争，改善小麦群体布局，协调了小麦群体的生育特性，提高冬小麦拔节前总茎数和成熟期穗数，并且增加植株耗水量，有效提高各生育时期干物质积累量，促进花后干物质运转比例，最终提高产量，增产 10.26%（陈翠贤等，2016；董飞等，2017）。行距 15 cm 配合适播量处理下小麦籽粒产量最高，达 8 750.43 kg/hm²，较常规条播高 8.84%（田文仲等，2018）。

石玉华等（2018）研究表明相对于常规条播，宽幅播种平均提高氮素利用率 16.64%，且生产上采用宽幅播种，实现小麦的高产高效。初金鹏等（2018）研究表明，宽幅条播与常规条播相比，氮素吸收效率两年度分别提高了 27.7% 和 17.5%，氮素利用率两年度分别提高了 22.5% 和 15.4%，增效效应显著。

四、氮肥对旱地小麦水肥高效利用影响的研究进展

（一）氮肥对旱地麦田水分吸收、利用的影响

施氮可增强旱地小麦对土壤贮水的利用能力（高亚军等，2007）。高氮营养增加蒸腾失水，促进营养生长，在营养生长阶段使用氮肥会导致水分的无效利用（Angus et al.，2001）。增施氮肥改善了小麦根系生长，增加了深层土壤中水分吸收和利用，提高了小麦生育期蒸散量（ETg），降低了成熟期土壤水分含量（王林林，2018）。中氮（150 kg/hm²）处理较低氮（90 kg/hm²）、高氮（210 kg/hm²）处理提高孕穗期 0～300 cm 各土层土壤贮水量，且 80～120 cm、140～180 cm、280～300 cm 各土层处理间差异显著（梁艳妃等，2018）。

（二）氮肥对旱地小麦氮素吸收、利用的影响

王小燕等（2008）研究表明，当小麦开花后，营养器官中氮素向籽粒的运转率由施氮量 120 kg/hm² 增加到 240 kg/hm² 时降低。柴彦君等（2010）研究发现，冬小麦氮素的累积、运转与分配受品种与氮素调控共同影响，施氮能显著提高各器官氮素累积量，且提高的幅度因品种而异。任爱霞等（2017）研究表明：丰水年配施高氮，花前氮素运转量和花后氮素积累量均最高，且各处理间差异显著，主要是由于促进花前叶片和穗中氮素向籽粒运转；平水年和覆盖条件下的歉水年配施中氮，花前氮素运转量和籽粒氮素积累量最高，且各处理间差异显著，平水年主要促进叶片和穗中氮素向籽粒运转，穗＞叶片，覆盖条件下的歉水年主要促进茎秆＋茎鞘和穗中氮素向籽粒中运转，茎秆＋茎鞘＞穗；不覆盖条件下的歉水年配施低氮，籽粒氮素积累量最高，且各处理间差异显著，花前氮素运转

量及其对籽粒的贡献率最高，尤其花前茎秆＋茎鞘和穗氮素运转量及其对籽粒贡献率最高，且各处理间差异显著。王林林（2018）研究表明，增施氮肥增加了花前氮素吸收，增加了花前氮素的运转量及花前氮素对籽粒的贡献率，最终提高了籽粒氮素浓度。梁艳妃等（2018）研究表明，中氮（150 kg/hm²）处理较低氮（90 kg/hm²）、高氮（210 kg/hm²）处理显著提高花前氮素运转量与花后氮素累积量，可显著提高叶片和茎秆＋叶鞘的花前氮素运转量。

（三）氮肥对旱地小麦产量、水肥利用效率的影响

氮肥的供应与水分的多少关系密切。在氮肥供应不足时，严重水分胁迫总是会降低水分利用效率（Heithoft，1989）。水分胁迫下，施用氮肥能促进地上部生长，增大冠层，增加植物蒸腾量，减少土壤水分蒸发，有利于水分利用效率的提高（李生秀等，1994）。施用氮肥可显著提高旱地小麦籽粒产量（何晓雁等，2010），也可提高旱地小麦水分利用效率（王兵等，2008）。大量研究表明，在不同旱地小麦种植地区，适宜施氮量有所不同。López-Bellido 等（2005）研究认为，在地中海气候区降水较多的年份施氮对旱地小麦籽粒产量影响显著，适宜施氮量为 60 kg/hm²。Ryan 等（2012）研究认为，在非洲北部年降水量 350～500 mm 的地区，小麦适宜施氮量为 60～120 kg/hm²，降水量为 270 mm 的地区，适宜施氮量为 30 kg/hm²。李裕元等（2000）研究表明，施氮可显著提高豫西黄土丘陵区小麦产量和水分利用效率，适宜施氮量为 138 kg/hm²。赵新春等（2010）研究表明，在我国黄土高原南部旱地农田，从氮素利用效率和氮对环境的影响来看，施用 80 kg/hm² 为最优，且小麦增产幅度最大。陈辉林等（2010）研究表明，在渭北旱塬区，施氮量为 120 kg/hm² 的小麦产量与当地传统施氮量 180 kg/hm² 的无显著差异，但可提高水分利用效率。沈新磊等（2009）研究表明，在黄土旱塬区，随施氮量的增加，旱地麦田各生育时期 2.7 m 土层的土壤水分减少；年降水量较少时施氮 300 kg/hm² 和正常年份配合 225 kg/hm² 氮肥量能显著提高籽粒产量和水分利用效率。张睿等（2011）研究表明，在高量施肥水平上氮肥减少 75 kg/hm²，

小麦产量可增加 569.85 kg/hm²，增产幅度达 8.1％；高量减氮施肥处理比农民习惯施肥处理增产 11.3％，肥料对产量的贡献率达 12.3％，比对照提高 9.9 个百分点，水分利用效率达到 19.8 kg/（hm²·mm），比对照提高 16.5％。

小麦植株吸氮随氮肥量的增加而增加，但氮素利用效率降低（刘新宇等，2010；张宏等，2011）。王林林（2018）研究表明，增施氮肥降低了氮素运转效率和氮素收获指数，因此，施氮 120kg/hm²和 180kg/hm² 处理籽粒氮素利用效率（NUE）分别降低了 19.4％和 23.0％，最终导致氮肥偏生产力分别降低了 44.8％和 61.4％。段文学等（2012）研究表明，在黄淮麦区施氮 150 kg/hm² 处理旱地小麦籽粒产量最高，氮素利用效率和氮肥生产效率较高。郭媛等（2015）研究表明在黄土高原东部旱作麦区，旱地小麦夏季覆盖配施氮肥后，氮肥农学效率和氮肥当季回收率均以施氮量 150 kg/hm²处理最高、75 kg/hm² 处理最低，且中氮处理较低氮与高氮处理氮肥农学效率分别提高 1.91 kg/kg 与 3.12 kg/kg，氮肥当季回收率提高 1.74％与 5.32％。

五、磷肥对旱地小麦水肥高效利用、产量和品质影响的研究进展

（一）磷肥对旱地麦田土壤水分吸收、利用的影响

施磷肥对土壤水分有一定影响，增施磷肥有利于提高旱地麦田表层土壤水分（黄洁等，2010），利于增加深层根系分布，利于提高花前 1 m 内土壤水分，促进小麦生育中期土壤水分的消耗和生育后期吸收深层水分（高艳梅等，2014），且深层施磷效果显著（陈梦楠等，2016）。张魏斌等（2016）研究表明，施磷量为 75～150 kg/hm² 时，增施磷肥有利于开花前 0～100 cm 土层土壤蓄水量的增加，且 40 cm 深度施磷 150 kg/hm² 效果较好。任爱霞等（2017）研究表明，施磷增加了旱地小麦对土壤水分的消耗和利用，降低了生育期土壤水分，增加了周年耗水。王文翔等（2021）研究表明，磷肥可促进旱地小麦歉水年生育前中期、平水年生育后期的

水分吸收。

（二）磷肥对旱地小麦氮素吸收、利用的影响

在低磷、高磷条件下，施用增效磷肥小麦吸磷总量分别提高 14.81%~42.59%、18.18%~32.73%，磷肥的表观利用率分别提高 8.71%~26.21%、6.13%~10.19%（李志坚等，2013）。王帅等（2015）研究表明，覆盖条件下增施磷肥有利于旱地小麦植株对氮素的吸收利用，提高氮素利用效率，且施磷量为 150 kg/hm² 效果较好。黄土高原东部旱作麦区以施磷量 150 kg/hm² 效果最佳，可统筹兼顾高产和水肥高效利用。原亚琦等（2019）研究表明，休闲期深翻后覆盖能够显著提高旱地麦田播前底墒，配施磷肥有利于返青期和拔节期土壤蓄水量增加，开花期土壤蓄水量降低，促进营养器官前期生长发育和灌浆前期的籽粒碳氮积累。

（三）磷肥对旱地小麦产量、水肥利用效率的影响

张蓓蓓等（2011）研究表明，在黄土塬区小麦的瞬时水分利用效率开花期大于拔节期，两个时期施磷肥 90 kg/hm² 的瞬时水分利用效率都是最高，表明适当的磷肥施加可以提高小麦的水分利用效率。陈梦楠等（2016）研究表明，40 cm 深度施 150 kg/hm²，有利于构建合理群体，且主要通过穗数和穗粒数的提高实现产量和水分利用效率同步提高。任爱霞等（2017）研究表明，在施磷量 0~150 kg/hm² 范围内每多施 1 kg/hm² 磷肥可增产 2~13 kg/hm²；播前 0~300 cm 底墒 550 mm 以下配施磷量 150 kg/hm² 可实现较高的产量和水分利用效率。范学科等（2018）研究表明，在陕西渭北高肥水平下，随着施肥量和磷肥用量增加，旱地小麦增产幅度降低，水分利用效率也趋于降低。旱地磷（P_2O_5）用量不宜超过 180 kg/hm²。增加磷肥用量不利于提高水分利用效率。

施磷有利于小麦氮素吸收效率和收获指数的提高，但对氮素利用效率无明显的影响（陈远学等，2014）。随施磷量的增加，氮素利用效率呈现降低的变化趋势（孙慧敏等，2006）。肖习明等（2014）研究表明，耕层 0~5 cm 处施磷肥处理较不施磷肥处理提高产量 42.8%，较 5~20 cm 施磷处理磷肥利用率提高 1.5%~

2.9%。江尚燕等（2016）研究表明，种子正下方5 cm条施磷肥有利于植株磷素积累量的提高，磷素表观利用率、农学效率分别提高6.9%～7.1%、44.35%～38.5%。

六、氮磷肥对旱地小麦水肥高效利用、产量和品质影响的研究进展

（一）氮磷肥对旱地麦田土壤水分吸收、利用的影响

房鹏霞等（2013）研究表明，旱地小麦深松＋深施有机肥条件下，播前适当增施氮肥且氮（N）：磷（P_2O_5）为1：0.75有利于增加越冬—抽穗期土壤蓄水量，降低开花期、成熟期土壤蓄水量，增强小麦抗旱性。刘德平等（2014）研究表明，氮磷合理配施能够显著增加土壤贮水量的消耗，提高作物对土壤水分的利用。赵智慧等（2016）在甘肃平凉的研究表明，氮磷配施能够有效保持小麦土壤含水量，且显著提高其对土壤深层水分的吸收利用。

（二）氮磷肥对旱地小麦产量、水肥利用效率的影响

单一施氮肥或磷肥在一定程度上促进了小麦的生长发育，提高了小麦的产量及品质，而大多研究结果表明合理的氮磷配施效果更好。在干旱年份，氮磷配施使小麦穗数和穗粒数减少，而减少产量（张洁等，2008）。郭中义（2003）研究发现，在黄褐土和砂姜黑土区，通过氮磷配施促进了小麦的生长发育，使穗数、穗粒数增加，从而提高产量。魏庆薪等（2020）研究表明，氮（N）180 kg/hm²、磷（P_2O_5）75 kg/hm²、钾（K_2O）60 kg/hm²处理显著提高小麦叶面积指数、开花后15d冠层不同层次及总光合有效辐射截获率和截获量，显著提高成熟期干物质在小麦冠层不同层次营养器官中的分配量、籽粒中的分配量及总干物质积累量。

胡亚妮等（2007）在黄土高原的研究结果表明：与对照相比，施肥显著提高了小麦光合速率和叶面积指数，促进同化作用，提高平均产量达47%，提高水分利用效率达25%。张少民等（2006）研究表明，在黄土高原地区施用氮磷或氮磷钾肥能够提高小麦产量和磷肥利用率。邢倩等（2008）研究表明，不同肥料处理仅改变了

小麦光合日变化的幅度，而未改变其变化规律，氮磷钾复合施肥有效地提高了小麦的光合生产和水分利用效率，缺氮、缺磷对水分利用效率的影响最大。刘德平等（2014）研究表明，氮（磷）肥的偏生产力及农学效率表现为随着施氮（磷）量的增加而降低，施氮（磷）量恒定时，在一定范围内增施磷（氮）肥能够有效提高作物的氮（磷）肥偏生产力及农学效率，施磷（氮）过量则表现为降低趋势。

第三节　作者的研究基础及研究切入点

2010 年 9 月至今，作者于山西农业大学攻读硕士、博士学位、工作，加入山西农业大学旱作栽培与作物生理团队的高志强教授团队，与团队一起研发旱地小麦蓄水保墒绿色高效综合栽培技术。目前，旱地小麦主要问题：一是土壤贫瘠、有机肥投入低、土壤蓄水保水能力低，致使降水资源利用效率低；二是需等雨播种，经常出现弱苗和旺苗的现象，致使后期抗旱、抗冻、抗热等能力减弱；三是山西南部旱地小麦生产上氮、磷肥投入均偏高，氮肥平均 220.8 kg/hm²，磷肥平均 181.2 kg/hm²，但是若底墒不足，过量施入养分导致干旱加剧，若底墒较好，养分不足限制产量提升，养分过量造成浪费，甚至会引起氮素淋溶，造成环境污染。前人针对旱地小麦水分蓄保、产量和水分利用效率的研究较多，但是对于旱地小麦水分利用、氮素吸收利用规律等方面的研究少见。因此，本研究充分利用休闲期、生育期的有限降水和养分，进行了旱地小麦蓄水保墒绿色高效综合栽培技术的研究。

本研究在 2012—2013 年筛选旱地小麦绿色高效品种，于 2014—2018 年进行蓄水保墒基础上播种技术、氮磷肥技术的研究，总结得出蓄水保墒绿色高效综合栽培技术，为旱地小麦绿色、高效、稳产、高产提供理论依据，期望此技术能够在黄土高原旱作麦区大面积推广。

主要参考文献

柴彦君，熊又升，黄丽，等，2010. 施氮对不同品种冬小麦氮素累积和运转的影响 [J]. 西北植物学报，30 (10)：2040-2046.

陈翠贤，樊胜祖，刘广才，等，2016. 宽幅匀播与常规条播春小麦产量和农艺性状比 [J]. 甘肃农业科技 (1)：36-38.

陈梦楠，高志强，孙敏，等，2016. 旱地小麦深施磷肥对群体动态及产量形成的影响 [J]. 山西农业大学学报（自然科学版），36 (6)：395-399.

陈梦楠，孙敏，高志强，等，2016. 深施磷肥对旱地小麦土壤水分、根系分布及产量的影响 [J]. 灌溉排水学报，35 (1)：47-52.

陈四龙，陈素英，孙宏勇，等，2006. 耕作方式对冬小麦棵间蒸发及水分利用效率的影响 [J]. 土壤通报，37 (4)：817-820.

陈远学，周涛，王科，等，2014. 施磷对麦/玉/豆套作体系氮素利用效率及土壤硝态氮含量的影响 [J]. 水土保持学报，28 (3)：191-196＋208.

初金鹏，朱文美，尹立俊，等，2018. 宽幅播种对冬小麦'泰农18'产量和氮素利用率的影响 [J]. 应用生态学报，29 (8)：2517-2524.

党廷辉，郭栋，戚龙海，2008. 旱地地膜和秸秆双元覆盖栽培下小麦产量与水分效应 [J]. 农业工程学报 (10)：20-24.

董宝娣，张正斌，刘孟雨，等，2007. 小麦不同品种的水分利用特性及对灌溉制度的响应 [J]. 农业工程学报，23 (9)：27-33.

董飞，党建友，王姣爱，等，2017. 播种方式对冬小麦产量构成、品质及水分利用率的影响 [J]. 山西农业科学，45 (6)：944-948.

段剑钊，李世莹，郭彬彬，等，2015. 宽幅播种对冬小麦群体质量及产量的影响 [J]. 核农学报，29 (10)：2013-2019.

段文学，于振文，张永丽，等，2012. 施氮量对旱地小麦氮素吸收转运和土壤硝态氮含量的影响 [J]. 中国农业科学，45 (15)：3040-3048.

范学科，张睿，2018. 磷肥对旱地小麦产量及水分利用效率的效应 [J]. 陕西农业科学，64 (8)：4-8.

房鹏霞，高志强，孙敏，等，2013. 氮磷比对旱地小麦土壤水分及籽粒蛋白质积累的影响 [J]. 山西农业大学学报（自然科学版），33 (4)：299-304.

高亚军，杨君林，陈玲，等，2007. 旱地冬小麦不同栽培模式、施氮量和种植密度土壤水分利用状况 [J]. 干旱地区农业研究，25 (3)：45-50.

高艳梅，孙敏，高志强，等，2014. 旱地小麦休闲期覆盖施磷对土壤水库的

调控作用 [J]. 中国生态农业学报, 22 (10): 1139-1145.

郭媛, 孙敏, 任爱霞, 等, 2015. 夏闲期地表覆盖对旱地土壤水分、小麦氮素吸收运转及产量的影响与施氮调控 [J]. 生态学杂志, 34 (7): 1823-1829.

郭中义, 2003. 不同土类优质小麦施用氮磷钾肥对产量和品质的影响 [J]. 农资科技 (6): 16-18.

何文寿, 储燕宁, 王彦才, 等, 1997. 不同基因型小麦氮营养效率的差异 [J]. 宁夏农学院学报, 18 (4): 29-34.

何晓雁, 郝明德, 李慧成, 等, 2010. 黄土高原旱地小麦施肥对产量及水肥利用效率的影响 [J]. 植物营养与肥料学报, 16 (6): 1333-1340.

侯贤清, 韩清芳, 贾志宽, 等, 2009. 半干旱区夏闲期不同耕作方式对土壤水分及小麦水分利用效率的影响 [J]. 干旱地区农业研究, 27 (5): 52-58.

胡亚妮, 刘文兆, 王俊, 等, 2007. 黄土塬区氮磷配施对冬小麦光合作用、产量形成及水分利用的影响 [J]. 水土保持学报, 21 (6): 159-178.

黄洁, 张扬, 沈玉芳, 等, 2010. 施肥对水分胁迫下冬小麦根系提水及养分利用的影响 [J]. 麦类作物学报, 30 (2): 353-357.

贾月慧, 黄建国, 1999. 小麦不同品种氮钾效率差异的研究 [J]. 北京农学院学报, 14 (4): 11-14.

江尚燊, 王火焰, 周健民, 等, 2016. 磷肥施用方式及类型对冬小麦产量和磷素吸收的影响 [J]. 应用生态学报, 27 (5): 1503-1510.

孔令英, 赵俊晔, 骆兰平, 等, 2020. 宽幅播种条件下基本苗密度对小麦耗水特性和籽粒产量的影响 [J]. 山东农业科学, 52 (4): 27-31.

李生秀, 李世清, 高亚军, 等, 1994. 施用氮肥对提高旱地作物土坡水分利用的作用机理和效果 [J]. 干旱地区农业研究, 12 (1): 38-46.

李吾强, 温晓霞, 高茂盛, 等, 2008. 半湿润区旱作起垄覆膜沟播小麦的水分及生理效应研究 [J]. 西北农业学报, 17 (5): 146-151.

李裕元, 郭永杰, 邵明安, 2000. 施肥对丘陵旱地冬小麦生长发育和水分利用的影响 [J]. 干旱地区农业研究 (1): 15-21.

李志坚, 林治安, 赵秉强, 等, 2013. 增效磷肥对冬小麦产量和磷素利用率的影响 [J]. 植物营养与肥料学报, 19 (6): 1329-1336.

梁艳妃, 孙敏, 高志强, 等, 2018. 夏闲期深松耕作和氮肥用量对旱地小麦土壤水分及氮素利用的影响 [J]. 山西农业大学学报 (自然科学版), 38 (9): 16-23.

梁志刚，王全亮，梁艳，2017. 山西襄汾县旱地小麦探墒沟播抗旱增产技术 [J]. 农业工程技术，37（26）：55-55.

凌启鸿，1995. 水稻群体质量理论与实践 [M]. 北京：中国农业出版社.

刘德平，杨树青，史海滨，等，2014. 氮磷配施条件下作物产量及水肥利用效率 [J]. 生态学杂志，33（4）：902-909.

刘金海，党占平，曹卫贤，等，2005. 不同覆盖和播种方式对渭北旱地小麦产量及土壤水分的影响 [J]. 麦类作物学报（4）：91-94.

刘金权，2011. 小麦宽幅精播高产技术 [J]. 河南农业（15）：44.

刘小丽，王凯，杨珍平，等，2018. 播期与播种方式的不同配套对一年两作区旱地冬小麦农艺性状及产量的影响 [J]. 华北农学报，33（2）：232-238.

刘新宇，巨晓棠，张丽娟，等，2010. 不同施氮水平对冬小麦季化肥氮去向及土壤氮素平衡的影响 [J]. 植物营养与肥料学报，16（2）：296-303.

毛红玲，李军，贾志宽，等，2010. 旱作麦田保护性耕作蓄水保墒和增产增收效应 [J]. 农业工程学报，26（8）：44-51.

孟庆阳，2016. 耕种方式与秸秆还田对砂姜黑土理化特性及冬小麦产量形成的影响 [D]. 郑州：河南农业大学.

孟晓瑜，王朝辉，李富翠，等，2012. 底墒和施氮量对渭北旱塬冬小麦产量与水分利用的影响 [J]. 应用生态学报，23（2）：369-375.

秦红灵，高旺盛，马月存，等，2008. 两年免耕后深松对土壤水分的影响 [J]. 中国农业科学（1）：78-85.

任爱霞，孙敏，高志强，等，2017. 夏闲期覆盖配施氮肥对旱地小麦土壤水分及氮素利用的影响 [J]. 中国农业科学，50（15）：2888-2903.

任爱霞，孙敏，王培如，等，2017. 深松蓄水和施磷对旱地小麦产量和水分利用效率的影响 [J]. 中国农业科学，50（19）：3678-3689.

任爱霞，孙敏，赵维峰，等，2013. 夏闲期耕作对旱地小麦土壤水分及植株氮素吸收、运转特性的影响 [J]. 应用生态学报，24（12）：3471-3478.

任婕，孙敏，任爱霞，等，2020. 不同抗旱性小麦品种耗水量及产量形成的差异 [J]. 中国生态农业学报（中英文），28（2）：211-220.

沈新磊，付秋萍，王全九，2009. 施氮量对黄土旱塬区冬小麦产量和土壤水分动态的影响 [J]. 生态经济（11）：107-110＋119.

石玉华，初金鹏，尹立俊，等，2018. 宽幅播种提高不同播期小麦产量与氮素利用率 [J]. 农业工程学报，34（17）：127-133.

宋欣，2017. 旱地小麦休闲期轮耕对土壤水分、产量及品质的影响 [D]. 晋中：

山西农业大学.

孙慧敏，于振文，颜红，等，2006. 不同土壤肥力条件下施磷量对小麦产量、品质和磷肥利用率的影响［J］. 山东农业科学（3）：45-47.

孙敏，白冬，高志强，等，2014. 休闲期耕作对旱地麦田土壤水分与小麦植株氮素吸收、利用的影响［J］. 水土保持学报，28（1）：203-208.

田文仲，张媛菲，马雯，等，2018. 行距和播量配比对高产小麦品种'洛麦23'群体质量及产量的影响［J］. 西北农业学报，27（3）：347-353.

王兵，刘文兆，党廷辉，等，2007. 长期施肥条件下旱作农田土壤水分剖面分布特征［J］. 植物营养与肥料学报，13（3）：411-416.

王德梅，于振文，张永丽，等，2010. 不同灌水处理条件下不同小麦品种氮素积累、分配与转移的差异［J］. 植物营养与肥料学报（5）：1041-1048.

王会文，李蕾，余少波，等，2020. 干旱年型深翻与探墒沟播对旱地小麦产量形成的贡献［J］. 作物杂志（6）：116-122.

王林林，2018. 氮肥和有机肥对旱地小麦水氮利用的调控［D］. 杨凌：西北农林科技大学.

王荣辉，王朝辉，李生秀，等，2011. 施磷量对旱地小麦氮磷钾和干物质积累及产量的影响［J］. 干旱地区农业研究，29（1）：115-121.

王帅，孙敏，高志强，等，2015. 旱地小麦休闲期覆盖保水与磷肥对植株氮素吸收、利用的影响［J］. 水土保持学报，29（3）：231-236.

王文翔，孙敏，林文，等，2021. 不同降雨年型磷肥对旱地小麦根系特征、磷素吸收利用和产量的影响［J］. 应用生态学报，32（3）：895-905.

王小燕，于振文，2008. 不同施氮量条件下灌溉量对小麦氮素吸收转运和分配的影响［J］. 中国农业科学，41（10）：3015-3024.

王旭红，孙敏，高志强，等，2015. 不同类型小麦植株氮素吸收积累的差异［J］. 山西农业科学，43（5）：561-565.

魏庆薪，于振文，张永丽，等，2020. 氮磷钾用量对小麦冠层不同层次光截获和干物质分配的影响［J］. 麦类作物学报，40（11）：1351-1356.

吴金芝，王志敏，李友军，等，2015. 干旱胁迫下不同抗旱性小麦品种产量形成与水分利用特征［J］. 中国农业大学学报，20（6）：25-35.

吴平，印莉萍，张立平，等，2001. 植物营养分子生理学［M］. 北京：科学出版社.

肖习明，伍德春，周建华，等，2014. 不同深度施用磷肥对小麦产量·磷肥利用率的影响［J］. 安徽农业科学，42（21）：7015-7016.

邢倩，谷艳芳，高志英，等，2008. 氮、磷、钾营养对冬小麦光合作用及水
　　分利用的影响 [J]. 生态学杂志（3）：355-360.

薛远赛，刘义国，张玉梅，等，2016. 沟播对耐盐小麦品种青麦 6 号干物质积
　　累及籽粒灌浆的影响 [J]. 麦类作物学报，36（12）：1651-1656.

薛远赛，朱玉鹏，林琪，等，2016. 沟播对盐碱地小麦光合日变化及产量的影
　　响 [J]. 西南农业学报，29（11）：2554-2559.

闫秋艳，董飞，贾亚琴，等，2021. 耕作方式对旱地麦田土壤蓄水变化特征
　　及小麦产量的影响 [J]. 水土保持学报，35（1）：222-228.

杨永辉，武继承，李学军，等，2014. 耕作和保墒措施对冬小麦生育时期光合
　　特征及水分利用的影响 [J]. 中国生态农业学报，22（5）：534-542.

余海英，彭文英，马秀，2011. 免耕对北方旱作玉米土壤水分及物理性质的影
　　响 [J]. 应用生态学报，22（1）：99-104.

余松烈，亓新华，刘希运，1981. 高产冬小麦对三要素的吸收供应特点的研
　　究 [J]. 土壤肥料（1）：31-34.

余松烈，于振文，董庆裕，等，2010. 小麦亩产 789.9kg 高产栽培技术思路
　　[J]. 山东农业科学（4）：11-12.

原亚琦，孙敏，林文，等，2019. 旱地麦田夏覆盖和磷肥调控对小麦籽粒碳
　　氮积累的影响 [J]. 华北农学报，34（1）：131-139.

岳俊芹，邵运辉，陈远凯，等，2006. 播种方式对土壤温度和水分及小麦产量
　　的影响 [J]. 麦类作物学报，26（5）：140-142.

张蓓蓓，刘文兆，2011. 黄土塬区施加磷肥对小麦光合性能、水分利用效率
　　及茎流速率的影响 [J]. 干旱地区农业研究，29（4）：88-93.

张国平，张光恒，1996. 小麦氮素利用效率的基因型差异研究 [J]. 植物营养
　　与肥料学报，2（4）：331-336.

张宏，周建斌，王春阳，等，2010. 栽培模式及施氮对冬小麦-夏玉米体系产量
　　与水分利用效率的影响 [J]. 植物营养与肥料学报，16（5）：1078-1085.

张慧芋，孙敏，高志强，等，2017. 耕作对旱地小麦根系生长及土壤水分利
　　用的影响 [J]. 山西农业科学，45（12）：1951-1956.

张洁，吕军杰，王育红，等，2008. 豫西旱地不同覆盖方式对冬小麦生长发
　　育的影响 [J]. 干旱地区农业研究，26（2）：94-97.

张睿，文娟，王玉娟，等，2011. 渭北旱塬小麦高效施肥的产量及水分效应
　　[J]. 麦类作物学报，31（5）：911-915.

张少民，郝明德，陈磊，2006. 黄土高原长期施肥对小麦产量及土壤肥力的

影响 [J]. 干旱地区农业研究，24（6）：85-89.

张魏斌，孙敏，高志强，等，2016. 旱地小麦深施磷肥对土壤水分及植株氮素吸收、利用的影响 [J]. 激光生物学报，25（4）：371-378＋385.

张学品，冯伟森，吴少辉，等，2012. 干旱胁迫对不同冬小麦品种水分利用效率及产量性状的影响 [J]. 河南农业科学，41（8）：21-25.

赵广才，何中虎，刘利华，等，2004. 肥水调控对强筋小麦中优 9507 品质与产量协同提高的研究 [J]. 中国农业科学，37（3）：351-356.

赵杰，林文，孙敏，等，2021. 休闲期深翻和探墒沟播对旱地小麦水氮资源利用的影响 [J]. 应用生态学报，32（4）：1307-1316.

赵新春，王朝辉，2010. 半干旱黄土区不同施氮水平冬小麦产量形成与氮素利用 [J]. 干旱地区农业研究，28（5）：65-70＋91.

赵智慧，续创业，尚来贵，2016. 施肥方式对冬小麦田土壤水分变化规律的影响 [J]. 甘肃农业科技（1）：38-41.

郑成岩，崔世明，王东，等，2011. 土壤耕作方式对小麦干物质生产和水分利用效率的影响 [J]. 作物学报，37（8）：1432-1440.

郑成岩，于振文，王东，等，2012. 耕作方式对冬小麦氮素积累与转运及土壤硝态氮含量的影响 [J]. 植物营养与肥料学报，18（6）：1303-1311.

ANGUS J F, VAN HERWAARDEN A F, 2001. Inerease water use and water use efficiency in dryland wheat [J]. Agronomy Journal，93（2）：290-295.

HEITHOLT J J, 1989. Water Use Efficiency and Dry Matter Distribution in Nitrogen- and Water-Stressed Winter Wheat [J]. Agronomy Journal，81（3）：464-469.

LÓPEZ-BELLIDO L, LÓPEZ-BELLIDO R J, REDONDO R, 2005. Nitrogen efficiency in wheat under rainfed Mediterranean conditions as affected by split nitrogen application [J]. Field Crops Research，94（1）：86-97.

MARTÍNEZ I G, PRAT C, OVALLE C, et al., 2012. Subsoiling improves conservation tillage in cereal production of severely degraded Alfisols under Mediterranean climate [J]. Geoderma，189-190：10-17.

PUTTE A V D, GOVERS G, DIELS J, et al., 2012. Soil functioning and conservation tillage in the Belgian Loam Belt [J]. Soil and Tillage Research，122（none）：1-11.

RYAN J, SOMMER R, IBRIKCI H, 2012. Fertilizer best management practices：a perspective from the dryland west asia-north africa region [J].

Journal of Agronomy & Crop Science, 198 (1): 57-67.

SUN M, REN A, GAO Z, et al., 2018. Long-term evaluation of tillage methods in fallow season for soil water storage, wheat yield and water use efficiency in semiarid southeast of the Loess Plateau [J]. Field Crops Research, 218 (9): 24-32.

XUE L, KHAN S, SUN M, et al., 2019. Effects of tillage practices on water consumption and grain yield of dryland winter wheat under different precipitation distribution in the loess plateau of China [J]. Soil and Tillage Research, 191: 66-74.

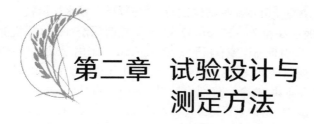

第二章 试验设计与
测定方法

第一节　试验设计

一、不同旱地小麦品种研究

本试验于 2012—2013 年在山西省运城市山西农业大学闻喜试验基地进行，试验地地处东经 110°59′—111°37′、北纬 35°9′—35°34′，四季分明，年均气温 12.5℃，无霜期 190 d，属典型的暖温带大陆气候。试验田为丘陵旱地，无灌溉条件，种植制度为夏季休闲制，即从前茬小麦收获至下茬小麦播种为裸地。2012 年前茬小麦后，6 月 20 日测定 0～20 cm 土层土壤养分含量为：有机质 8.63 g/kg、全氮 0.71 g/kg、碱解氮 32.89 mg/kg、速效磷 20.10 mg/kg。试验区自然降水 60％～70％集中于 7—9 月。表 2-1 为试验田 2002—2013 年降水情况，数据由闻喜县农业委员会提供。由表 2-1 可看出，2012—2013 年全年降水量较常年低，尤其表现在休闲期和播种—越冬时期降水量，分别较往年平均值低 145.42 mm 和 31.72 mm，而生育后期降水量较常年偏高，属于极度干旱年份。

表 2-1　2002—2013 年闻喜试验点的降水量（mm）

年份	休闲期	播种—越冬	越冬—拔节	拔节—开花	开花—成熟	总计
2002—2012	316.5± 103.3	51.5± 34.6	41.7± 23.3	30.7± 11.0	58.6± 25.8	499.1± 117.8
2012—2013	171.1	19.8	26.3	20.8	104.9	342.9

数据来源：山西省闻喜县气象站。

注：2002—2012 年降水量是平均值。休闲期为 6 月中旬至 10 月上旬；播种—越冬为 10 月上旬至 11 月下旬；越冬—拔节为 11 月下旬至 4 月上旬；拔节—开花为 4 月上旬至 5 月上旬；开花—成熟为 5 月上旬至 6 月中旬。

本试验采用单因素完全随机设计，在"三提前"蓄水保墒技术

（深松模式）基础上开展品种筛选试验。"三提前"蓄水保墒技术：前茬小麦收获时留高茬 20～30 cm，7 月 15 日提前深松耕作（深松深度 30～40 cm），同时提前深施有机肥 1 500 kg/hm²（采用深松施肥一体机施入，提前秸秆打碎后覆盖于地表），8 月 20 日耙耱收墒，10 月 1 日播种。供试品种共 16 个，分别为运旱 20410（YH20410）、临 Y8159（LY8159）、运旱 618（YH618）、运旱 719（YH719）、运旱 805（YH805）、运旱 21-30（YH21-30）、运旱 22-33（YH22-33）、洛旱 6 号（LH6）、洛旱 9 号（LH9）、洛旱 11（LH11）、洛旱 13（LH13）、长麦 251（CM251）、长 6359（C6359）、长麦 6697（CM6697）、石麦 15 号（SM15）、石麦 19 号（SM19）。小区面积 30×2.4＝72m²，基施氮、磷、钾肥，纯氮 150 kg/hm²，磷肥（P₂O₅）150 kg/hm²，钾肥（K₂O）150 kg/hm²，常规条播，播量 90 kg/hm²，行距 20 cm，常规管理。

二、旱地小麦规范化播种技术研究

（一）休闲期耕作配施播种方式试验

本试验于 2015—2016 年在山西农业大学闻喜试验基地进行。该试验基地是典型的半干旱半湿润冬小麦种植区，年均气温 12.5℃，降水量 500mm 左右，无霜期大约 190 d。试验田地势平坦，土层深厚，透水、通气性能良好，土壤黏壤土，pH 为 7.5～8.0，0～20 cm 土层土壤的基本养分含量为有机质 10.55 g/kg、全氮 0.68 mg/kg、碱解氮 37.65 mg/kg、速效磷 17.64 mg/kg。试验基地旱地小麦是一年一熟种植，天然降水是其最主要的水分来源且集中在每年的 7～9 月，没有灌溉条件。2015—2016 年全年降水量和 10 年平均降水量及其分布如表 2-2。

表 2-2　2005—2016 年闻喜试验点的降水量（mm）

年份	休闲期	播种—越冬	越冬—拔节	拔节—开花	开花—成熟	总计
2005—2016	265.0± 107.5	53.2± 35.9	30.2± 13.6	37.8± 15.8	64.4± 29.7	450.6± 96.7
2015—2016	94.7	101.2	11.0	57.1	122.8	386.8

数据来源：山西省闻喜县气象站。

注：休闲期为 6 月中旬至 10 月上旬；播种—越冬为 10 月中旬至 11 月下旬；越冬—拔节为 12 月上旬至 4 月上旬；拔节—开花为 4 月中旬至 5 月上旬；开花—成熟为 5 月中旬至 6 月中旬。

试验采用二因素裂区设计，重复 3 次，以休闲期不同耕作模式为主区，分别为免耕模式（NTM）和深翻模式（DTM），以不同播种方式为副区，分别为条播（DS）、膜际条播（FM）、探墒沟播（FS）。条播行距 20 cm，膜际条播膜宽 40 cm，膜厚度 0.01 mm，是一种渗水地膜，小麦宽行行距约 40 cm，窄行行距约 20 cm；探墒沟播，垄宽约 20 cm，小麦窄行行距约 10 cm，宽行行距约 33 cm；共 2×3 个小区，小区面积 9×100＝900m²。前茬小麦收获时留高茬（20～30 cm），于 7 月 20 日进行深翻（深度 25～30 cm），并基施生物有机肥 1 500 kg/hm²，同时通过浅旋秸秆还田，8 月 29 日用旋地机浅旋、耙平土壤表层，供试品种为晋麦 92，由闻喜县农业委员会提供。9 月 28 日基施氮、磷、钾肥，纯氮为 150 kg/hm²，磷肥（P_2O_5）为 150 kg/hm²，钾肥（K_2O）为 150 kg/hm²，10 月 1 日播种，常规管理。

（二）播种方式配播量试验

本试验于 2015—2016 年在山西农业大学闻喜试验基地进行。

试验采用二因素裂区设计，重复 3 次，休闲期深翻后，以不同播种方式为主区，分别为条播（DS）、膜际条播（FM）、探墒沟播（FS），以不同播量为副区，条播、膜际条播播量分别为 60 kg/hm²（SR60）、75 kg/hm²（SR75）、90 kg/hm²（SR90）、105 kg/hm²（SR105）、120 kg/hm²（SR120），探墒沟播播量分别为 90 kg/hm²、105 kg/hm²、120 kg/hm²，采用洛阳市鑫乐机械科技股份有限公司产的 2BMFD-7/14 型播种机最小可精确调节播量为 90 kg/hm²，所以只设置了 3 个播量水平，共 2×5＋3＝13 个处理，条播、膜际条播的小区面积 9×15＝135m²。前茬小麦收获时留高茬（20～30 cm），于 7 月 20 日进行深翻（深度 25～30 cm），并基施生物有机肥 1 500 kg/hm²，同时通过浅旋秸秆还田，8 月 29 日用旋地机浅旋、耙平土壤表层，供试品种为晋麦 92，由闻喜县农业委员会提供。9 月 28 日基施氮、磷、钾肥，纯氮为 150 kg/hm²，磷肥（P_2O_5）为 150 kg/hm²，钾肥（K_2O）为 150 kg/hm²，10 月 1 日播种，常规管理。

三、氮肥施用技术研究

本试验于 2014—2015 年在山西农业大学闻喜试验基地进行。试验地为丘陵旱地，无水浇条件。种植制度为夏季休闲制，即从前茬小麦收获至下茬小麦播种为裸地。各生长季小麦播种前试验田 0～20 cm 土层土壤有机质含量 10.55 g/kg，碱解氮含量 37.65 mg/kg，全氮含量 0.68 mg/kg，速效磷含量 17.64 mg/kg。小麦生育时期降水量见表 2-3。

表 2-3　2005—2015 年闻喜试验点的降水量（mm）

年份	休闲期	播种—越冬	越冬—拔节	拔节—开花	开花—成熟	总计
2005—2014	268.4± 51.6	50.0± 17.3	30.9± 12.7	33.4± 22.1	63.8± 12.9	446.5± 18.9
2014—2015	365.6	21.5	50.8	61.2	17.6	516.7

数据来源：山西省闻喜县气象站。

注：2005—2014 年降水量是平均值。休闲期为 7 月上旬至 10 月上旬；播种—越冬为 10 月中旬至 11 月下旬；越冬—拔节为 12 月上旬至 4 月上旬；拔节—开花为 4 月中旬至 5 月上旬；开花—成熟为 5 月上旬至 6 月中旬。

采用二因素裂区设计，以耕作模式为主区，设深翻（deep tillage，DT）、对照（no tillage，NT）两个水平，以施氮量为副区，设纯氮 0 kg/hm² （N_0）、90 kg/hm² （N_{90}）、120 kg/hm² （N_{120}）、150 kg/hm² （N_{150}）、180 kg/hm² （N_{180}）、210 kg/hm² （N_{210}），6 个水平，共 2×6＝12 个处理，重复 3 次，小区面积 4× 20＝80 m²。前茬小麦收获后留高茬 20～30 cm，7 月 15 日进行深翻处理，对照处理不进行任何处理，所有处理 8 月 25 日耙耱收墒，采用膜际条播。基施磷肥（P_2O_5）为 150 kg/hm²，10 月 4 日播种，供试品种为晋麦 92，播量 97.5 kg/hm²，3 叶期定苗，基本苗为 180 万株/hm²，常规管理。

四、磷肥施用技术研究

(一)深施磷肥试验

试验于 2012—2013 年进行，位于山西农业大学闻喜试验基地，属典型暖温带大陆气候。四季分明，年平均气温 12.5℃，年降水量 499.1 mm，7 月、8 月、9 月降水量较大。无霜期 190 d，主要种植小麦、棉花。通体质地为黏壤土至粉沙质黏壤土，呈强石灰反应。

采用二因素裂区设计，以施磷量为主区，设 75 kg/hm²、150 kg/hm²、225 kg/hm² 三个水平；以施磷深度为副区，设 20 cm、40 cm 两个水平，共 3×2＝6 个处理，重复 3 次，小区面积 28×4＝112 m²。10 月 1 日播种，供试品种为运旱 20410，由闻喜县农业局提供。亩播量 6.5 kg，行距 20 cm，机械条播，常规管理。深层施磷的方法：通过调节深松-施肥一体机肥料输送管的下扎深度来调节施磷的深度。

(二)休闲期耕作配施磷肥试验

本试验于 2014—2015 年在山西农业大学闻喜试验基地进行。

采用二因素裂区设计，前茬小麦收获时留高茬（茬高 20～30 cm），7 月上中旬深翻，以休闲期不同耕作方式为主区，设深翻（深度 35～40 cm，DT）和对照（休闲期不耕作，NT）两种耕作方式；以播种期基施磷肥（P_2O_5）的施用量为副区，设 0 kg/hm²（P_0）、75 kg/hm²（P_{75}）、150 kg/hm²（P_{150}）、225 kg/hm²（P_{225}）、300 kg/hm²（P_{300}）、375 kg/hm²（P_{375}）六个水平，共 2×6＝12 个处理，小区面积 50×3＝150 m²，重复 3 次。8 月 25 日浅旋平整土地，播种前同时基施氮、钾肥，纯氮 150 kg/hm²，钾肥（K_2O）150 kg/hm²，9 月 29 日播种，供试小麦品种为晋麦 92（由闻喜县农业局提供），基本苗 180 万株/hm²，行距 30 cm，膜际条播。

五、氮磷肥施用技术研究

本试验于 2014—2015 年在山西农业大学闻喜试验基地进行。

采用二因素裂区设计，前茬小麦收获时留高茬（20～30 cm），休闲期采用深翻耕作措施，以施氮量为主区，设 150 kg/hm² 和 180 kg/hm² 两个水平，以氮磷比为副区，设 1：0.5、1：1、1：0.75 三个水平，共 2×3＝6 个处理，小区面积 4×20＝80 m²，重复 3 次。8 月 27 日耙糖收墒，播前基施有机肥 1 500 kg/hm²、钾肥 150 kg/hm²。10 月 5 日播种，供试小麦品种为晋麦 92（由闻喜县农业局提供），播量为 105 kg/ hm²，膜际条播。

第二节　测定项目与方法

一、土壤水分的测定

在小麦的播种期、越冬期、拔节期、孕穗期、开花期和成熟期，采用 5 点取样法，在每个小区中心和对角线（不包括边界）上选取 5 个点，分别钻取 0～300 cm 土层（每 20 cm 为 1 层）土壤装入铝盒，采用烘干法测定土壤水分，用于计算水分利用效率（韩娟等，2014）。由于本试验田所处地区地势平坦，地下水位较深，因此，可视地表径流、地下水供给及深层渗漏均为零，可忽略不计。

二、单株农艺性状的测定

旱地小麦植株株高的测定：于越冬期、拔节期、孕穗期、开花期、成熟期分别取 20 株植株，测定旱地小麦植株茎基部至最顶端的距离。

旱地小麦单株叶面积的测定：于越冬期、拔节期、孕穗期、开花期分别取 20 株植株，测定其倒二叶长、宽及单株绿叶数，计算单株叶面积。

旱地小麦群体分蘖数的测定：于越冬期、拔节期、孕穗期、开花期、成熟期分别取定点的 0.67 m² 内的 3 行小麦植株，调查其分蘖数，以每公顷计算。

旱地小麦植株地上部干物质量的测定：于越冬期、拔节期、孕穗期、开花期、成熟期分别取 20 株植株，孕穗期至成熟期分离各器官，且置于 105℃杀青 30 min，后 80℃烘干至恒重并称重（薛丽华等，2013；高春华等，2013）。

三、植株含氮量的测定

于越冬期、拔节期、孕穗期、开花期、成熟期分别取样 20 株，其中越冬期、拔节期整株，孕穗期分成叶片、茎秆＋茎鞘两部分，开花期分成三部分即叶片、茎秆＋茎鞘、穗，成熟期分成四部分即叶片、茎秆＋茎鞘、穗轴＋颖壳、籽粒，在 105℃条件下杀青 30 min，然后 80℃烘至恒重，称重后再磨碎，用 $H_2SO_4 - H_2O_2 -$ 靛酚蓝比色法测定小麦植株全氮含量（赵俊晔等，2006；Przulj et al.，2003）。

四、灌浆速率、籽粒蛋白质及其组分含量的测定

于开花期挂牌标记生长一致且同日开花的麦穗，之后每隔 5 d 取一次样，每次 20 穗，分离籽粒，计数后置于烘箱中 105℃条件下杀青 30 min，然后 80℃烘干至恒重并称重，测定小麦灌浆速率。烘干的籽粒通过微型高速万能粉碎机粉碎后，用于测定蛋白质含量。每个处理取 50 g 籽粒，磨碎后用 $H_2SO_4 - H_2O_2 -$ 靛酚蓝比色法测定其含氮量，含氮量×5.7 即为蛋白质含量（朱新开等，2005）。籽粒蛋白质组分含量的测定采用连续提取法进行。

清蛋白的测定：称取 0.2g 粉碎后的样品置于离心管中，加入 2ml 水，振荡 2 min，3 000r 离心 5 min，将上清液倒入消化管中，再向离心管中加入 2 ml 水，振荡 2 min，3 000r 离心 5 min，将上清液一并倒入消化管中，共重复 3 次，然后用 $H_2SO_4 - H_2O_2 -$ 靛酚蓝比色法测氮。

球蛋白的测定：向被水溶液提取后的离心管残渣中加入 2 ml 10％的 NaCl，振荡 2 min，离心并将上清液倒入消化管中，共重复 3 次，然后用 $H_2SO_4 - H_2O_2 -$ 靛酚蓝比色法测氮。

醇溶蛋白的测定：向被盐溶液提取后的离心管残渣中加

入 2 ml 70%的酒精（按重量比计算），振荡 2 min，混合液放入 80℃的热水溶液中，不断搅拌，然后取出离心管，再振荡 2 min，离心并将上清液倒入消化管中，共重复 3 次，然后用 H_2SO_4-H_2O_2-靛酚蓝比色法测氮。

谷蛋白的测定：向被酒精提取后的离心管残渣中加入 2 ml 0.52%NaOH，振荡 5 min，离心并将上清液倒入消化管中，共重复 3 次，然后用 H_2SO_4-H_2O_2-靛酚蓝比色法测氮。

五、成熟期考种及产量测定

成熟期调查单位面积穗数、每穗粒数及千粒重，每小区取 20 株测定其生物产量，并收割 20 m^2 计算经济产量。

第三节　数据分析与统计分析方法

土壤蓄水量（mm）＝［（鲜土重－烘干土重）/烘干土重×100%］×土层厚度×各土层容重；

单株叶面积（cm^2）＝倒二叶长×倒二叶宽×单株绿叶数×0.85；

水分利用效率＝作物籽粒产量/耗水量；

花前氮素运转量（kg/hm^2）＝开花期营养器官中氮素积累量－成熟期营养器官中氮素积累量；

花前运转氮素贡献率（%）＝花前氮素运转量/籽粒氮素积累量×100；

花后氮素积累量（kg/hm^2）＝成熟期植株氮素积累量－开花期植株氮素积累量；

花后积累氮素贡献率（%）＝花后氮素积累量/籽粒氮素积累量×100；

氮素吸收效率（kg/kg）＝植株氮素积累量/施氮量；

氮素收获指数＝籽粒氮素积累量/植株氮素积累量；

氮素利用效率（kg/kg）＝籽粒产量/植株氮素积累量；

氮素生产效率（kg/kg）= 籽粒产量/施氮量。

试验采用 Microsoft Excel 2003 处理数据，采用 DPS 6.50 和 SAS 9.0 软件进行统计分析，差异显著性检验用 LSD 法，显著性水平设定为 $P=0.05$。

主要参考文献

高春华，于振文，石玉，等，2013. 测墒补灌条件下高产小麦品种水分利用特性及干物质积累和分配［J］. 作物学报，39（12）：2211-2219.

韩娟，廖允成，贾志宽，等，2014. 半湿润偏旱区沟垄覆盖种植对冬小麦产量及水分利用效率的影响［J］. 作物学报，40（1）：101-109.

薛丽华，胡锐，赛力汗，等，2013. 滴灌量对冬小麦耗水特性和干物质积累分配的影响［J］. 麦类作物学报，33（1）：78-83.

赵俊晔，于振文，2006. 高产条件下施氮量对冬小麦氮素吸收分配利用的影响［J］. 作物学报，32（4）：484-490.

朱新开，周君良，封超年，等，2005. 不同类型专用小麦籽粒蛋白质及其组分含量变化动态差异分析［J］. 作物学报（3）：342-347.

PRZULJ N, MOMCILOVIC V，2003. Dry matter and nitrogen accumulation and use in spring barley［J］. Plant，Soil and Environment，49（1）：36-47.

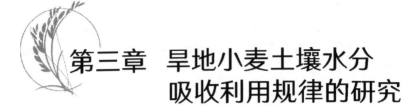

第三章 旱地小麦土壤水分吸收利用规律的研究

　　黄土高原一年一作旱地麦区降水量少且分布不均，主要集中在夏季休闲期，降水时期与小麦生长季不吻合，在如何充分利用休闲期降水，调节土壤蓄纳能力，满足小麦生长需求等方面，旱作栽培工作者做了较多研究。例如，深翻耕技术、深松耕技术、"四早三多"技术、地膜覆盖技术、"三提前"技术等均可有效实现蓄水保墒，尤其"三提前"技术可明显提高土壤蓄水能力，实现降水资源周年调控与土壤水分跨季节利用，实现增产（赵红梅等，2012；邓妍等，2014；任爱霞等，2017）。基于旱地麦田休闲期耕作蓄水和覆盖保水技术，结合夏季降水量和播前土壤墒情，选择抗旱高效旱地小麦品种、播种方式及减少氮磷肥施用量等措施，强化土壤水分的合理利用，提高水分利用效率，实现稳产增产。例如，歉水年强抗旱性品种的平均耗水量高于弱抗旱性品种，当耗水量增加 1 mm 时，强抗旱性品种产量提高 29.6 kg/hm^2，且影响其产量的主要因素是穗数和穗粒数，营养器官干物质积累量提高 50.8 kg/hm^2，从而水分利用效率较高，尤其是晋麦 92 和运旱 20410。此外，强抗旱性品种较弱抗旱性品种单位粮食生产的节水量提高 13.61%，消耗 1 mm 土壤水分增产量提高 15.74%，具有较好的节水增产效果。平水年，6 个强抗旱性品种耗水量普遍较高，其中运旱 20410 和晋麦 92 的水分利用效率较高，产量也较高（任婕等，2020）。旱地小麦休闲期深翻配套探墒沟播有利于蓄存和利用自然降水，使产量显著提高 6.8%～12.4%、生育期水分利用效率提高 4.5%～7.2%（赵杰等，2021）。丰水年配施高氮（225 kg/hm^2），平水年和覆盖条件下的歉水年配施中氮（150 kg/hm^2），不覆盖条件下的歉水年配施低氮（75 kg/hm²），孕穗期前土壤蓄水量、产量和水分利用效率均较高（任爱霞等，2017）。磷肥主要提高了旱地小麦歉水年生育前中期、平水年生育后期水分和养分的吸收能力，且主要通过提高穗数增加产量。黄土高原东部旱作麦区以施磷量 150 kg/hm² 效果最佳，可统筹兼顾高产和水肥高效利用（王文翔等，2021）。施氮量 150 kg/hm²，氮磷配比 1∶1，返青—抽穗期土壤蓄水量和根系特性最高，能以肥促水、以水促根，水肥协作利于旱地小麦加强吸水保水、抵御抗旱能力（邢军等，2014）。

　　因此，本研究在黄土高原东部，前期休闲期蓄水保墒技术基础上，继续开展品种筛选、规范化播种技术、氮磷肥施用技术研究，分析各生育时期 0～300 cm 土壤蓄水量、0～300 cm 各土层土壤蓄水量及各生育阶段 0～300 cm 土壤耗水量的规律，明确适宜抗逆高效品种、播种方式、氮磷肥的土壤水分蓄积、利用规律，为旱地麦田高效、高产提供理论依据。

第一节　不同旱地小麦品种土壤水分吸收利用的差异

一、不同旱地小麦品种分类

　　分析 16 个品种成熟期籽粒产量和蛋白质含量的差异可看出（表 3-1），运旱 20410、运旱 805、运旱 21-30、运旱 22-33、临 Y8159、石麦 19 号的产量较高，且与其他品种差异显著；而籽粒蛋白质含量却是运旱 20410、运旱 805、运旱 22-33、运旱 618、长麦 251、洛旱 9 号、长 6359 较高，且与其他品种差异显著。

表 3-1　不同小麦品种产量及蛋白质含量的差异

类型	品种	产量（kg/hm²）	蛋白质含量（%）
高产高蛋白	运旱 20410	2 684.93c	14.01d
	运旱 805	2 651.00c	14.71c
	运旱 21-30	2 477.39d	13.61e
	运旱 22-33	2 523.27d	13.99d

（续）

类型	品种	产量（kg/hm²）	蛋白质含量（%）
高产低蛋白	临Y8159	2 847.31b	12.51f
	石麦19号	2 974.93a	11.51g
低产高蛋白	运旱618	2 191.01e	14.65c
	长麦251	2 028.65fg	13.71e
	洛旱9号	1 841.22hi	14.82b
	长6359	1 792.77i	15.39a
低产低蛋白	运旱719	1 989.23fg	11.74g
	洛旱6号	2 069.04f	11.94g
	长麦6697	1 984.76fg	12.95f
	洛旱11	1 850.49gh	12.20g
	洛旱13	1 938.80fg	12.87f
	石麦15号	1 784.95i	11.98g

注：同列不同小写字母表示 $P=0.05$ 水平差异显著，下同。

根据产量及蛋白质含量的高低，通过聚类分析（图3-1），将16个小麦品种划分为高产高蛋白质品种（HYHP）、高产低蛋白质品种（HYLP）、低产高蛋白质品种（LYHP）、低产低蛋白质品种（LYLP）四类。其中，运旱20410、运旱805、运旱21-30、运旱22-33为高产高蛋白质品种，临Y8159、石麦19号为高产低蛋白质品种，运旱618、长麦251、洛旱9号、长6359为低产高蛋白质品种，运旱719、洛旱6号、长麦6697、洛旱11、洛旱13、石麦15号为低产低蛋白质品种。

二、不同旱地小麦品种各生育时期0～300 cm土壤蓄水量的差异

由表3-2可看出，不同品种小麦越冬期至开花期0～300 cm土壤蓄水量均表现为降低趋势，越冬期最高，开花期最低，成熟期有

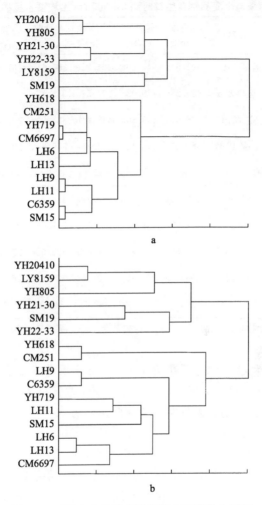

图 3-1 不同小麦品种产量和蛋白质聚类分析图

a. 产量 b. 蛋白质

所回升。越冬期至开花期 0~300 cm 土壤蓄水量以高产品种高于低产品种（越冬期除运旱 805 外），成熟期以高产高蛋白品种运旱 20410、运旱 805 高于低产品种。

表 3-2　不同旱地小麦品种各生育时期 0～300 cm 土壤蓄水量的差异（mm）

类型	品种	播种期 (SS)	越冬期 (WS)	拔节期 (JS)	孕穗期 (BS)	开花期 (AS)	成熟期 (MS)
高产高蛋白	运旱 20410	491.03a	441.56c	421.25c	364.61b	267.69c	307.31b
	运旱 805	489.25a	426.92d	407.51d	355.82c	259.30d	310.73a
高产低蛋白	临 Y8159	488.62a	459.36b	446.94b	383.99a	280.69b	293.68d
	石麦 19 号	489.21a	474.10a	454.88a	385.33a	290.98a	280.21e
平均值		489.53	450.49	432.64	372.44	274.67	297.98
低产高蛋白	运旱 618	492.36a	428.03d	388.29e	354.36c	237.35f	258.39f
	长麦 251	492.07a	419.73e	385.92e	347.68d	246.94e	260.24f
低产低蛋白	长麦 6697	493.68a	401.88f	355.02f	332.98e	258.41d	295.43d
	洛旱 11	496.27a	386.48g	343.16g	325.42f	265.98c	300.49c
平均值		493.60	409.03	368.10	340.11	252.17	278.64

注：SS，播种期；WS，越冬期；JS，拔节期；BS，孕穗期；AS，开花期；MS，成熟期，下同。

高产品种越冬期至开花期 0～300 cm 土壤蓄水量临 Y8159、石麦 19 号较高，且与运旱 20410、运旱 805 差异显著，其中石麦 19 号最高，在越冬期、拔节期、开花期达显著水平；运旱 20410、运旱 805 较低，且运旱 805 最低。成熟期 0～300 cm 土壤蓄水量运旱 20410、运旱 805 较高，且运旱 805 最高；临 Y8159、石麦 19 号较低，且石麦 19 号最低。低产品种越冬期至孕穗期 0～300 cm 土壤蓄水量运旱 618、长麦 251 较高，且与长麦 6697、洛旱 11 差异显著，其中运旱 618 最高，在越冬期、孕穗期达显著水平；长麦 6697、洛旱 11 较低，且洛旱 11 最低。开花期至成熟期 0～300 cm 土壤蓄水量长麦 6697、洛旱 11 较高，且与运旱 618、长麦 251 差异显著，其中洛旱 11 最高；运旱 618、长麦 251 较低，且运旱 618 最低，在开花期差异显著。

三、不同旱地小麦品种各生育时期 0～300 cm 各土层土壤蓄水量的差异

由图 3-2 可看出，随土层深度的增加，不同品种小麦越冬期、拔节期、孕穗期、开花期和成熟期 0～300 cm 土壤蓄水量均表现为先降后升、"升高—降低—升高—降低—升高"、先降后升、先降后升、先降后升的变化趋势，且分别在 120～180 cm、120～160 cm、140～180 cm、80～140 cm、120～160 cm 土层较低。越冬期 0～300 cm 各土层土壤蓄水量高产品种运旱 20410、临 Y8159、石麦 19 号均高于低产品种（运旱 20410 除 40 cm 土层外），且在 20 cm、80 cm、120～140 cm、220 cm、260～300 cm 土层达显著水平；拔节期 40～300 cm 各土层土壤蓄水量高产品种均高于低产品种，且在 120 cm、180～300 cm 土层达显著水平；孕穗期 40～300 cm、开花期 20～300 cm 各土层土壤蓄水量高产品种临 Y8159、石麦 19 号均高于低产品种；成熟期 20～300 cm 各土层土壤蓄水量高产品种运旱 20410、运旱 805 显著高于低产品种。

高产品种越冬期 0～100 cm、220～300 cm 各土层土壤蓄水量临 Y8159、石麦 19 号较高，且与运旱 20410、运旱 805 差异显著，其中石麦 19 号最高；运旱 20410、运旱 805 较低，且运旱 805 最低。120～200 cm 土壤蓄水量临 Y8159、石麦 19 号较高，且临 Y8159 最高；运旱 20410、运旱 805 较低，且 120～140 cm 土壤蓄水量运旱 805 最低，140～200 cm 土壤蓄水量运旱 20410 最低。这说明高产品种越冬期 0～300 cm 土壤蓄水量以高产低蛋白品种较高，高产高蛋白品种较低。低产品种越冬期 0～80 cm、200～300 cm 各土层土壤蓄水量运旱 618、长麦 251 较高，且与长麦 6697、洛旱 11 差异显著，其中运旱 618 最高；长麦 6697、洛旱 11 较低，且洛旱 11 最低。120～180 cm 土壤蓄水量长麦 251 最高，洛旱 11 最低。这说明低产品种越冬期 0～300 cm 土壤蓄水量以低产高蛋白品种较高。

高产品种拔节期 40～300 cm 各土层土壤蓄水量临 Y8159、

石麦 19 号较高，且与运旱 20410、运旱 805 差异显著，其中 40～180 cm、240～300 cm 石麦 19 号较高，200～220 cm 临 Y8159 显著较高；运旱 20410、运旱 805 较低，且在 40～80 cm、200～300 cm 运旱 805 最低，在 100～180 cm 运旱 20410 最低。这说明高产品种拔节期 40～300 cm 土壤蓄水量以高产低蛋白品种较高，高产高蛋白品种较低。低产品种拔节期 40～300 cm 各土层土壤蓄水量运旱 618、长麦 251 较高，且在 40～80 cm、240～300 cm 运旱 618 最高；长麦 6697、洛旱 11 较低，且洛旱 11 最低。这说明低产品种拔节期 0～300 cm 土壤蓄水量以低产高蛋白品种较高。

　　高产品种孕穗期 20～40 cm 各土层土壤蓄水量临 Y8159 最高，运旱 805 最低。60～300 cm 土壤蓄水量临 Y8159、石麦 19 号较高，且在 60～100 cm、140 cm、200～300 cm 石麦 19 号最高，在 120 cm、160～180 cm 临 Y8159 最高；运旱 20410、运旱 805 较低，且在 60～100 cm 运旱 20410 最低，100～300 cm 运旱 805 最低。这说明高产品种孕穗期 60～300 cm 土壤蓄水量高产低蛋白品种较高，高产高蛋白品种较低。低产品种孕穗期 20 cm 土壤蓄水量长麦 6697 最高，长麦 251 最低。60 cm 土壤蓄水量长麦 251 最高，洛旱 11 最低。40 cm、80～300 cm 各土层土壤蓄水量运旱 618、长麦 251 较高，且在 40 cm、80～100 cm、140 cm、220～300 cm 运旱 618 最高，在 120 cm、160～200 cm 长麦 251 最高；长麦 6697、洛旱 11 较低，且在 40 cm、140～300 cm 洛旱 11 最低，80～120 cm 长麦 6697 最低。这说明低产品种孕穗期 40～300 cm 土壤蓄水量以低产高蛋白品较高。

　　高产品种开花期 20～300 cm 各土层土壤蓄水量临 Y8159、石麦 19 号较高，且与运旱 20410、运旱 805 差异显著，其中石麦 19 号最高；运旱 20410、运旱 805 较低，且运旱 805 最低。这说明高产品种开花期 20～300 cm 土壤蓄水量以高产低蛋白品种较高，高产高蛋白品种较低。低产品种开花期 20～300 cm 各土层土壤蓄水量长麦 6697、洛旱 11 较高，且洛旱 11 最高；运旱 618、长麦 251 较低，且运旱 618 最低。这说明低产品种开花期 20～300 cm 土壤蓄水量以低产低蛋白品种较高。

　　高产品种成熟期 20～300 cm 各土层土壤蓄水量运旱 20410、运旱 805 较高，且与临 Y8159、石麦 19 号差异显著，其中在 20～80 cm 运旱 20410 最高，100～300 cm 运旱 805 最高；临 Y8159、石麦 19 号较低，且石麦 19 号最低。这说明高产品种成熟期 20～300 cm 土壤蓄水量以高产高蛋白品种较高，高产低蛋白品种较低。低产品种成熟期 20～300 cm 各土层土壤蓄水量长麦 6697、洛旱 11 较高，且与运旱 618、长麦 251 差异显著，其中 20～80 cm 长麦 6697 最高，100～300 cm 洛旱 11 最高；运旱 618、长麦 251 较低，且在 20～100 cm 长麦 251 最低，在 120～300 cm 运旱 618 最低。这说明低产品种成熟期 20～300 cm 土壤蓄水量以低产低蛋白品种较高。

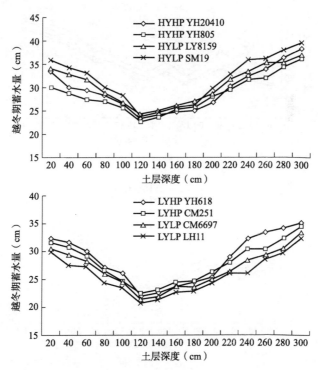

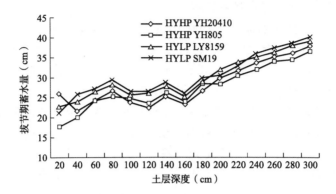

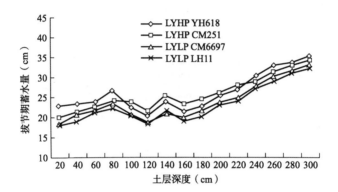

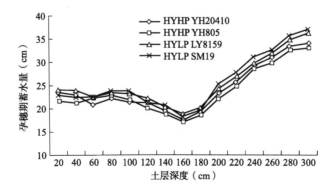

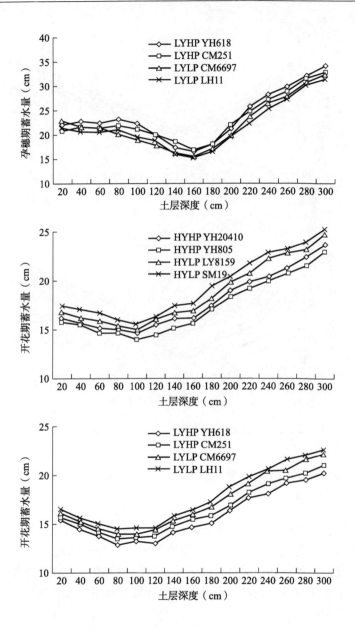

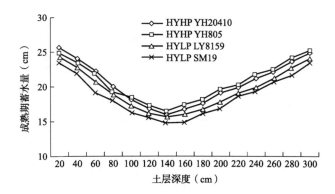

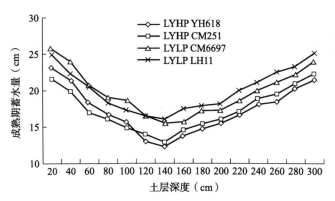

图 3-2　不同品种各生育时期 0～300 cm 土壤蓄水量的差异

四、不同品种旱地小麦各生育阶段 0～300 cm 土壤耗水的差异

　　旱地小麦高产和低产品种各生育阶段 0～300 cm 土壤耗水量表现为拔节—开花最高，播种—拔节居中，开花—成熟最低（表 3-3）。高产品种较低产品种，降低了播种—拔节 0～300 cm 土壤耗水量，增加了拔节—开花、开花—成熟土壤耗水量，尤其是临 Y8159 和石麦 19 号。

表 3-3 不同品种小麦各生育阶段 0～300 cm 土壤耗水量的差异（mm）

类型	品种	播种—拔节	拔节—开花	开花—成熟
高产高蛋白	运旱 20410	95.57d	174.36b	65.28d
	运旱 805	108.43cd	169.01c	53.47e
高产低蛋白	临 Y8159	75.36e	187.05a	91.91b
	石麦 19 号	61.21f	184.70a	115.67a
平均值		85.14	178.78	81.58
低产高蛋白	运旱 618	110.43c	171.74b	83.86c
	长麦 251	118.44c	159.78c	91.60b
低产高蛋白	长麦 6697	137.90b	117.41d	67.88d
	洛旱 11	155.89a	97.98e	70.39d
平均值		130.67	136.73	78.43

第二节 旱地小麦蓄水保墒技术下播种方式对土壤水分吸收利用的影响

一、旱地小麦蓄水保墒技术下播种方式对各生育时期 0～300 cm 土壤蓄水量的影响

随生育进程的推移，旱地小麦 0～300 cm 土壤蓄水量呈先升后降再升的变化趋势，越冬期最高，开花期最低（表 3-4）。深翻模式下，膜际条播提高旱地小麦越冬期、拔节期 0～300 cm 土壤蓄水量，且越冬期差异显著，显著降低成熟期 0～300 cm 土壤蓄水量。免耕模式下，膜际条播较探墒沟播可显著提高越冬期、拔节期和开花期土壤蓄水量，显著降低成熟期土壤蓄水量。可见，休闲期深翻后采用膜际条播可较好地蓄水及贮水至拔节期，免耕后采用膜际条播可更好地贮存水分至开花期。

表 3-4 播种方式对旱地小麦各生育时期 0～300 cm 土壤蓄水量的影响（mm）

耕作方式	播种方式	播种期	越冬期	拔节期	开花期	成熟期
	常规条播	445.33a	535.66b	430.25a	278.31b	360.00b
深翻模式	膜际条播	427.95b	560.69a	431.76a	263.91c	299.77e
	探墒沟播	406.38c	538.01b	407.14c	242.78d	340.87c
	常规条播	403.04c	538.33b	418.67b	292.03a	375.73a
免耕模式	膜际条播	317.79e	479.94c	386.53d	298.11a	320.55d
	探墒沟播	352.95d	461.10d	369.61e	278.01b	380.73a

随生育进程的推移，旱地小麦 0～300 cm 土壤蓄水量除膜际条播配 90 kg/hm² 外均呈先降后升的变化趋势（表 3-5）。休闲期深翻后采用探墒沟播，越冬期土壤蓄水量均以播量 105 kg/hm² 为最高，成熟期以播量 120 kg/hm² 为最低。休闲期深翻后采用膜际条播和常规条播，拔节期至开花期土壤蓄水量均以播量 90 kg/hm² 为最高，且膜际条播高于常规条播，成熟期以播量 90 kg/hm² 为最低。可见，休闲期蓄水保墒后，采用膜际条播配播量 90 kg/hm² 利于蓄积土壤水分至开花期。

表 3-5 播种方式配播量对旱地小麦各生育时期 0～300 cm 土壤蓄水量的影响

播种方式	亩播量 (kg)	土壤蓄水量（mm）				
		播种期	越冬期	拔节期	开花期	成熟期
	60		571.18b	417.36c	256.51c	358.27a
	75		586.04a	424.73b	261.70b	355.57a
常规条播	90	406.38c	511.30c	438.52a	280.26a	316.20d
	105		514.88c	385.75d	216.19d	334.09c
	120		506.66d	369.33e	199.25e	340.19b

（续）

播种方式	亩播量 （kg）	土壤蓄水量（mm）				
		播种期	越冬期	拔节期	开花期	成熟期
膜际条播	60		550.73d	442.70b	276.39c	316.88b
	75		572.86b	446.23b	282.38b	320.93a
	90	427.95b	565.48c	458.50a	300.72a	272.44e
	105		577.14a	412.90c	238.99d	291.13d
	120		537.24e	398.47d	221.07e	297.50c
探墒沟播	90		521.70b	421.98b	265.06c	365.84a
	105	445.33a	569.62a	425.68b	270.40b	368.29a
	120		515.65c	443.09a	299.47a	345.86b

二、旱地小麦蓄水保墒技术下播种方式对各生育时期 0～300 cm 各土层土壤蓄水量的影响

随土层深度的增加，休闲期深翻后旱地小麦越冬期、拔节期、开花期和成熟期土壤蓄水量均呈先降后升的趋势，分别在 140～160 cm、120～180 cm、120～160 cm、100～220 cm 较低；休闲期免耕时常规条播和膜际条播越冬期土壤蓄水量在 0～140 cm 土层深度呈逐渐降低趋势（图 3-3）。休闲期深翻后，采用膜际条播可提高旱地小麦越冬期 160～300 cm 土层土壤蓄水量，但采用探墒沟播对 0～300 cm 土层土壤水分影响不大。休闲期深翻后，拔节期、开花期土壤蓄水量均以膜际条播和探墒沟播均高于常规条播，尤其是膜际条播。免耕模式下，常规条播 0～30 cm 土层土壤蓄水量最低，探墒沟播 0～300 cm 土层土壤蓄水量最高。不论休闲期深翻与否，膜际条播较常规条播显著提高拔节期、开花期 0～300 cm 各土层土壤蓄水量。可见，休闲期深翻有利于拔节期、开花期土壤蓄水量的提高，且膜际条播效果最好，探墒沟播次之。

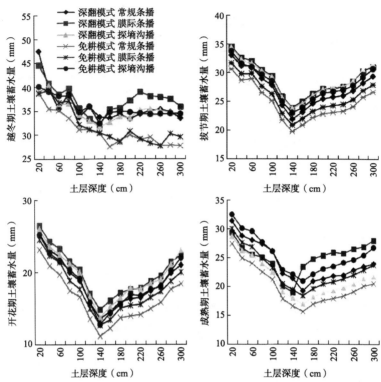

图3-3 播种方式对旱地小麦各生育时期0～300 cm各土层土壤蓄水量的影响

休闲期深翻条件下，旱地小麦越冬期、拔节期、开花期和成熟期0～300 cm土壤蓄水量均呈先降后升的趋势，在140～180 cm、140～160 cm、100～180 cm、140～180 cm土层土壤蓄水量较低（图3-4）。常规条播配播量90 kg/hm² 较105 kg/hm²、120 kg/hm²，可显著增加越冬期0～60 cm和100～300 cm、拔节期和开花期0～300 cm各土层土壤蓄水量，降低了成熟期0～260 cm各土层土壤蓄水量；膜际条播配播量90 kg/hm² 较105 kg/hm²、120 kg/hm²，可显著增加越冬期100～160 cm、拔节期和开花期0～300 cm各土层土壤蓄水量，降低了成熟期0～260 cm各土层土壤蓄水量；探墒沟播配播量120 kg/hm² 较90 kg/hm²、105 kg/hm²，可增加越冬期200 cm和240～280 cm土层、拔节期0～120 cm和280～300 cm土层、开花期0～300 cm土层土壤蓄水量，降低了成熟期 0～300 cm 土壤蓄水量。

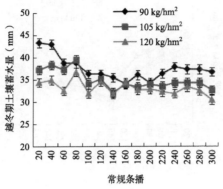

常规条播

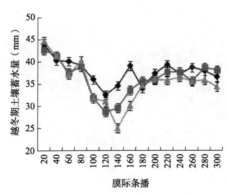

膜际条播

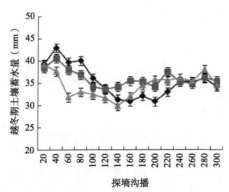

探墒沟播

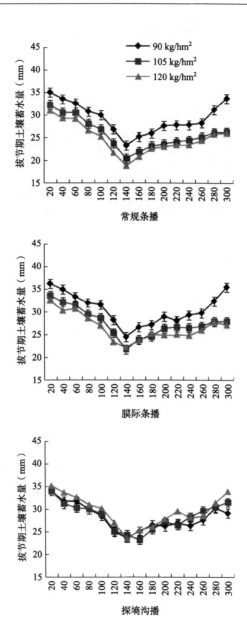

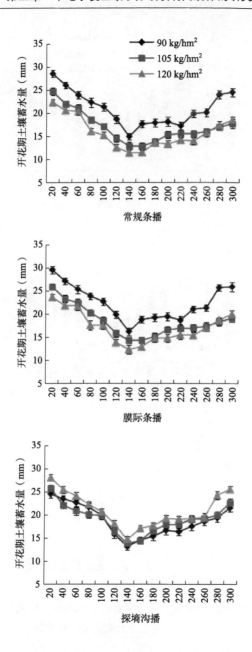

常规条播

膜际条播

探墒沟播

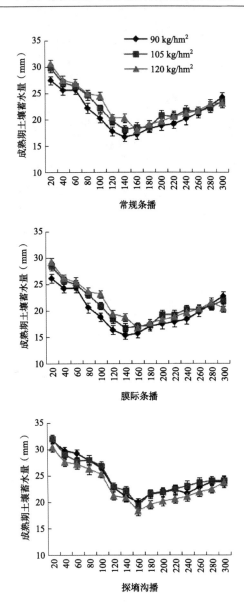

图 3-4　播种方式配播量对旱地小麦各生育时期
0～300 cm 各土层土壤蓄水量的影响

三、旱地小麦蓄水保墒技术下播种方式对各生育阶段 0～300 cm 土壤耗水量的影响

旱地小麦各生育阶段 0～300 cm 土壤耗水量休闲期深翻模式表现为拔节—开花最高、播种—拔节居中、开花—成熟最低，免耕模式下常规条播和探墒沟播规律一致，而膜际条播表现为拔节—开花最高、开花—成熟居中、播种—拔节最低（表 3-6）。休闲期深翻模式下采用膜际条播较常规条播和探墒沟播，降低播种—拔节 0～300 cm 土壤耗水量，增加拔节—开花、开花—成熟土壤耗水量，且与常规条播差异显著；休闲期免耕模式下采用膜际条播较常规条播和探墒沟播，降低播种—拔节、拔节—开花 0～300 cm 土壤耗水量，增加开花—成熟土壤耗水量，且与常规条播差异显著。

表 3-6　播种方式对旱地小麦各生育阶段 0～300 cm 土壤耗水量的影响（mm）

耕作方式	播种方式	播种—拔节	拔节—开花	开花—成熟
深翻模式	常规条播	127.28a	209.04b	41.11c
	膜际条播	108.39b	224.95a	86.94b
	探墒沟播	111.44b	221.46a	24.71d
免耕模式	常规条播	96.57c	183.74c	39.10c
	膜际条播	43.46d	145.52d	100.36a
	探墒沟播	95.54c	148.70d	20.08d

休闲期深翻模式下，随播量的增加，膜际条播播种—拔节、拔节—开花 0～300 cm 土壤耗水量先降后升，以播量 90 kg/hm² 为最低；常规条播的播种—拔节、拔节—开花土壤耗水量均以播量 90 kg/hm² 为最低；开花—成熟土壤耗水量先升后降，以播量 90 kg/hm² 为最高，尤其膜际条播；随播量的增加，探墒沟播的播种—拔节、拔节—开花土壤耗水量逐渐降低，以播量 120 kg/hm² 为最低，开花—成熟土壤耗水量逐渐上升，以播量 120 kg/hm² 为最高（表 3-7）。

表 3-7　播种方式配播量对旱地小麦各生育阶段 0～300 cm 土壤耗水量的影响

播种方式	播量（kg/hm²）	土壤耗水量（mm）		
		播种—拔节	拔节—开花	开花—成熟
常规条播	60	101.22c	217.95b	21.04b
	75	93.85d	220.13ab	28.93b
	90	80.06e	215.36b	86.86a
	105	132.83b	226.66a	4.90c
	120	149.25a	227.18a	−18.14d
膜际条播	60	97.45c	223.41b	82.31b
	75	93.92c	220.95bc	84.25b
	90	81.65d	214.88c	151.08a
	105	127.25b	231.01a	70.66c
	120	141.68a	234.50a	46.37d
探墒沟播	90	135.55a	214.02a	22.02b
	105	131.85a	212.38a	24.91b
	120	114.44b	200.72b	76.41a

可见，旱地麦田采用膜际条播配播量 90 kg/hm² 利于降低前期耗水、增加后期耗水，协调了整个生育期土壤水分的利用，防止后期干旱，提前衰老。

第三节　旱地小麦蓄水保墒技术下氮肥对土壤水分吸收利用的影响

一、旱地小麦蓄水保墒技术下氮肥对各生育时期 0～300 cm 土壤蓄水量的影响

随生育进程的推移，旱地小麦各生育时期 0～300 cm 土壤蓄水量逐渐下降，成熟期最低（表 3-8）。休闲期深翻模式较免耕模式，提高了越冬期、拔节期、孕穗期、开花期土壤蓄水量，但降低了成熟期土壤蓄水量。休闲期深翻模式下，随施氮量的增加，越冬期、拔节期、孕穗期、开花期土壤蓄水量逐渐降低，施氮量 210 kg/hm² 达最低，且越冬期其与 0 kg/hm²、90 kg/hm²、120 kg/hm² 差异显著，但与 150 kg/hm²、180 kg/hm² 差异不显著，拔节期其与其他施氮量差异均显著，孕穗期和开花期其与 0 kg/hm²、90 kg/hm²、

120 kg/hm²、150 kg/hm²差异显著，但与 180 kg/hm²差异不显著；成熟期土壤蓄水量先降后升，以 180 kg/hm²为最低。休闲期免耕模式下，随施氮量的增加，旱地小麦各生育时期 0～300 cm 土壤蓄水量逐渐降低，越冬期、拔节期和开花期以施氮量 210 kg/hm²为最低，且越冬期其与 0 kg/hm²、90 kg/hm²、120 kg/hm²差异显著，拔节期和开花期其与 0 kg/hm²、90 kg/hm²、120 kg/hm²、150 kg/hm²差异显著，而孕穗期和成熟期以施氮量 180 kg/hm²达最低，且其与 0 kg/hm²、90 kg/hm²、120 kg/hm²、150 kg/hm²差异显著。

表 3-8　休闲期耕作配施氮肥对旱地小麦各生育时期
0～300 cm 土壤蓄水量的影响

耕作模式	施氮量 (kg/hm²)	土壤蓄水量（mm）				
		越冬期	拔节期	孕穗期	开花期	成熟期
深翻模式	0	587.52a	486.17a	459.45a	439.85a	372.21a
	90	584.62a	470.36b	440.03b	423.65b	350.87b
	120	582.67a	462.88c	430.48c	408.86c	335.67c
	150	579.98ab	455.72cd	421.55d	398.72d	322.79d
	180	575.88b	446.62d	410.91e	385.99e	309.64e
	210	569.11b	433.24e	405.58e	382.22e	318.51d
免耕模式	0	569.88a	476.60a	444.58a	430.34a	375.93a
	90	565.72a	460.78b	426.25b	410.03b	358.37b
	120	562.22a	453.03b	414.78c	395.61c	343.32c
	150	559.76ab	445.66b	404.74d	387.82c	333.90d
	180	557.04b	436.17c	390.77e	375.80d	320.22e
	210	554.80b	428.97c	390.85e	371.24d	320.49e

二、旱地小麦蓄水保墒技术下氮肥对各生育时期 0～300 cm 各土层土壤蓄水量的影响

随土层深度的增加，旱地小麦各生育时期 0～300 cm 土层土壤蓄水量呈先降后升的变化趋势，且深翻模式下越冬期 80～120 cm、拔节期 80～140 cm、开花期 80～100 cm、成熟期 120～160 cm 及免耕模式下越冬期 120～160 cm、拔节期 120～180 cm、开花期 80～100 cm、成熟期 160～180 cm 较低（图 3-5）。

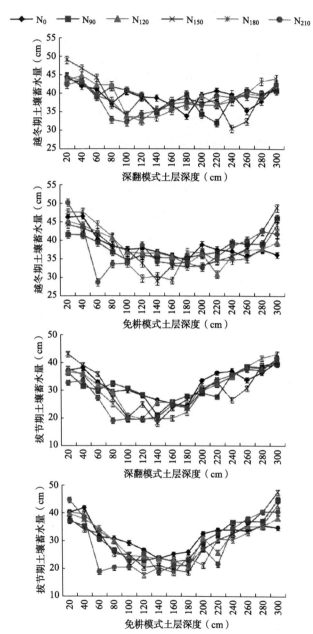

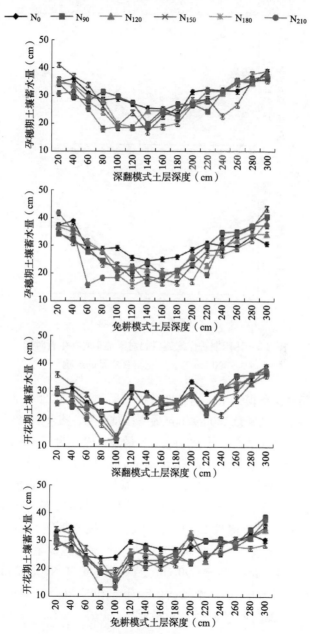

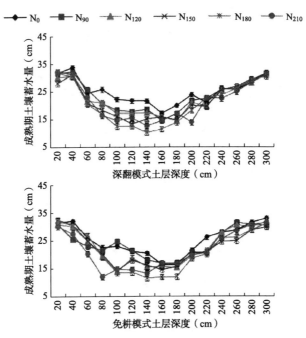

图 3-5 休闲期耕作配施氮肥对旱地小麦各生育时期
0～300 cm 各土层土壤蓄水量的影响

休闲期深翻模式下，越冬期、拔节期和开花期 20～60 cm 各土层土壤蓄水量施氮量 150 kg/hm² 最高；越冬期、拔节期 280～300 cm 各土层土壤蓄水量施氮量 180 kg/hm² 最高；成熟期 80～200 cm 各土层土壤蓄水量施氮量 0 kg/hm² 最高，100～180 cm 土层施氮量 180 kg/hm² 最低，240～300 cm 土层施氮量 210 kg/hm² 最低。休闲期免耕模式下，越冬期 40～80 cm 土层土壤蓄水量施氮量 180 kg/hm² 最高，300 cm 土层施氮量 150 kg/hm² 最高；拔节期 300 cm 土层施氮量 150 kg/hm² 最高；开花期 80～180 cm 土层施氮量 0 kg/hm² 最高，220～240 cm、280～300 cm 土层施氮量 90 kg/hm² 最高；成熟期 80～220 cm 土层以施氮量 0 kg/hm² 和 90 kg/hm² 最高，240～300 cm 土层施氮量 150 kg/hm² 最低。

三、旱地小麦蓄水保墒技术下氮肥对各生育阶段 0～300 cm 土壤耗水量的影响

休闲期深翻较免耕，播种—越冬（除 210 kg/hm² ）0～300 cm 土壤耗水量降低，越冬—返青（除 0 kg/hm² 、90 kg/hm² ）各处理耗水量降低，返青—拔节各处理耗水量提高，拔节—开花（除 0 kg/hm² 、180 kg/hm² ）各处理耗水量降低，开花—成熟各处理耗水量提高（表 3-9）。

表 3-9　休闲期耕作配施氮肥对旱地小麦各生长阶段 0～300 cm 土壤耗水量的影响

耕作方式	施氮量 (kg/hm²)	土壤耗水量（mm）				
		播种—越冬	越冬—返青	返青—拔节	拔节—开花	开花—成熟
深翻模式	0	20.05b	22.14f	79.21e	46.32e	67.64b
	90	22.95ab	24.50e	89.76d	46.71d	72.78a
	120	24.91ab	27.57d	92.22cd	54.02c	73.18a
	150	27.59ab	29.46c	94.81bc	57.00b	75.94a
	180	31.69ab	32.09b	97.17ab	60.63a	76.35b
	210	38.46a	35.93a	99.94a	51.02d	63.72b
免耕模式	0	23.16b	22.44e	70.84e	46.26c	54.41a
	90	27.32b	26.07d	78.87d	50.75bc	51.66bc
	120	30.82ab	26.12d	83.06cd	57.43abc	52.29b
	150	33.28ab	28.50c	85.60bc	57.84ab	53.91ab
	180	35.99ab	31.46b	89.42ab	60.37a	55.58a
	210	38.24a	34.70a	91.13a	57.73abc	50.74c

休闲期深翻模式下，施氮后各处理播种—越冬 0～300 cm 土壤耗水量提高，随着施氮量增加，耗水量逐渐增加，且 210 kg/hm² 处理显著高于 0 kg/hm² 处理；施氮后各处理越冬—返青耗水量显著提高，且随着施氮量增加而增加，且处理间差异显著；施氮后各处理返青—拔节耗水量显著提高，随施氮量增加而增加；施氮后各

处理拔节—开花耗水量提高，随施氮量增大呈先增加后降低的趋势，且 180 kg/hm² 耗水量最大；施氮后各处理开花—成熟耗水量提高，随施氮量增加呈先增加后降低的趋势，且 180 kg/hm² 最大。休闲期免耕模式下，施氮后播种—越冬各处理 0～300 cm 土壤耗水量提高，越冬—返青耗水量显著提高，返青—拔节耗水量提高，且各阶段耗水量随施氮量增加逐渐增加；施氮后各处理拔节—开花耗水量提高，呈现随施氮量增加呈先增加后降低的趋势，180 kg/hm² 达到最大；施氮后各处理开花—成熟耗水量降低，呈现随着施氮量增加呈先降低后增加再降低的趋势，180 kg/hm² 耗水量达到最大。可见，拔节前随着施氮量的增加耗水增加，拔节—成熟阶段随着施氮增加耗水量增加，施氮量由 180 kg/hm² 增加到 210 kg/hm² 时耗水降低，说明在耗水较多的关键时期，施氮量为 180 kg/hm² 有利于促进植株吸水，再增加施氮量则降低小麦耗水量。

第四节　旱地小麦蓄水保墒技术下磷肥对土壤水分吸收利用的影响

一、旱地小麦蓄水保墒技术下磷肥对各生育时期 0～300 cm 土壤蓄水量的影响

随生育进程的推移，旱地小麦各生育时期 0～300 cm 土壤蓄水量呈下降趋势（表 3-10）。休闲期深翻后，越冬期至孕穗期 0～300 cm 土壤蓄水量显著提高，开花期至成熟期显著降低（除 0 kg/hm²、375 kg/hm² 条件下成熟期土壤蓄水量）。随施磷量增加，越冬期至孕穗期 0～300 cm 土壤蓄水量均呈先升高后降低的单峰曲线变化，150 kg/hm² 最高，225 kg/hm² 居中，375 kg/hm² 最低。开花期 0～300 cm 土壤蓄水量 75 kg/hm² 最高，225 kg/hm² 次之，375 kg/hm² 最低，且各处理间均差异显著。成熟期 0～300 cm 土壤蓄水量 225 kg/hm² 最高，0 kg/hm² 最低。可见，休闲期耕作保水效果至孕穗期仍达显著水平，且配施 150 kg/hm² 效果显著。

表 3-10　休闲期耕作配施磷肥对旱地小麦各生育时期 0～300 cm 土壤蓄水量的影响

耕作方式	施磷量 (kg/hm²)	土壤蓄水量（mm）				
		越冬期	拔节期	孕穗期	开花期	成熟期
深翻模式	0	547.94c	450.36e	409.80e	388.37d	305.69c
	75	568.15b	483.87c	441.46c	421.64a	318.29ab
	150	585.80a	511.07a	466.42a	403.30c	312.92b
	225	575.02b	494.43b	449.97b	410.65b	324.32a
	300	554.69c	467.05d	426.78d	375.14e	318.94ab
	375	536.06d	432.38f	393.52f	358.44f	317.46ab
免耕模式	0	521.94c	433.76e	391.00e	411.90d	307.19d
	75	541.49b	464.78c	414.95c	446.51a	326.23ab
	150	560.05a	487.05a	441.16a	424.50c	317.41c
	225	548.13b	473.45b	427.04b	433.06b	332.08a
	300	529.51c	445.11d	402.26d	396.76e	324.00b
	375	514.31d	415.06f	379.37f	378.68f	318.99c

　　随生育进程的推移，旱地麦田 0～100 cm 土层土壤蓄水量表现为逐渐降低的趋势，而由于生育后期降水较多，成熟期土壤蓄水量略有提高（表 3-11）。40 cm 施磷较 20 cm 施磷提高了各生育时期 0～100 cm 土壤蓄水量，且播种期、拔节期、开花期、成熟期处理间差异显著。随 40 cm 施磷量的增加，各生育时期 0～100 cm 土层土壤蓄水量逐渐提高，且播种期各处理间差异显著，越冬期施磷量 225 kg/hm²、150 kg/hm² 处理与施磷量 75 kg/hm² 处理间差异显著，拔节期各处理无显著差异，孕穗期至成熟期施磷量 225 kg/hm² 处理与 75 kg/hm² 处理间差异显著。

表 3-11　深施磷肥对旱地小麦各生育时期 0～100 cm 土壤蓄水量的影响

施磷量 (kg/hm²)	施磷深度 (cm)	土壤蓄水量（mm）					
		播种期	越冬期	拔节期	孕穗期	开花期	成熟期
75	40	138.02d	125.90bc	78.84a	51.20bc	39.99c	53.57bc
	20	131.73e	119.01c	70.54c	48.29c	40.16c	46.36d
150	40	152.03b	139.79a	80.76a	55.00ab	52.15b	58.92b
	20	137.80d	119.68c	71.04bc	49.52c	33.32d	48.50cd
225	40	158.61a	142.94a	81.74a	58.93a	59.54a	64.41a
	20	146.65c	130.12b	74.65b	58.16a	37.00cd	53.03c

二、旱地小麦蓄水保墒技术下磷肥对各生育时期 0～300 cm 各土层土壤蓄水量的影响

休闲期深翻模式下，随土层深度的增加，越冬期、拔节期、成熟期 0～300 cm 土层土壤蓄水量均呈先降低后升高的趋势，越冬期 200～220 cm 土层土壤蓄水量最低，拔节期、成熟期 140～160 cm 土层土壤蓄水量最低（图 3-6）。休闲期深翻条件下，随施磷量增加，越冬期 0～300 cm 各土层土壤蓄水量均呈先升高后降低的单峰曲线变化，0～60 cm 土层 150 kg/hm² 最高、75 kg/hm² 次之、375 kg/hm² 最低，60～200 cm 土层 150 kg/hm² 最高、225 kg/hm² 次之、375 kg/hm² 最低，200～300 cm 土层 225 kg/hm² 最高、150 kg/hm² 次之、375 kg/hm² 最低；拔节期 0～300 cm 各土层土壤蓄水量均呈先升高后降低的单峰曲线变化，0～140 cm、220～300 cm 土层 150 kg/hm² 最高、375 kg/hm² 最低，140～180 cm 土层 225 kg/hm² 最高、150 kg/hm² 次之、375 kg/hm² 最低，180～220 cm 土层 150 kg/hm² 最高、75 kg/hm² 次之，180～200 cm 土层 375 kg/hm² 最低，200～220 cm 深翻下以 0 kg/hm² 最低，免耕下 375 kg/hm² 最低；孕穗期 0～300 cm 各土层土壤蓄水量均呈先升高后降低的单峰曲线变化，0～100 cm 和 180～300 cm 土层 150 kg/hm² 最高、225 kg/hm² 次之、375 kg/hm² 最低，100～140 cm 土层 225 kg/hm² 最高、150 kg/hm² 次之、375 kg/hm² 最低，140～180 cm 土层 150 kg/hm² 最高、75 kg/hm² 次之、375 kg/hm² 最低；开花期 0～300 cm 各土层土壤蓄水量均呈先升高后降低再升高再降低的双峰曲线变化，75 kg/hm² 最高、225 kg/hm² 次之、375 kg/hm² 最低（除 140～160 cm 土层）。可见，深翻条件下，施磷 150 kg/hm² 有利于提高越冬期、孕穗期 0～100 cm 土层土壤蓄水量，有利于拔节期、孕穗期深层（180～300 cm）土壤水分蓄积，施磷 225 kg/hm² 有利于拔节期、孕穗期深层（拔节期 140～180 cm，孕穗期 100～140 cm）土壤水分上移，补充花后上层（0～100 cm）土壤水分亏缺。

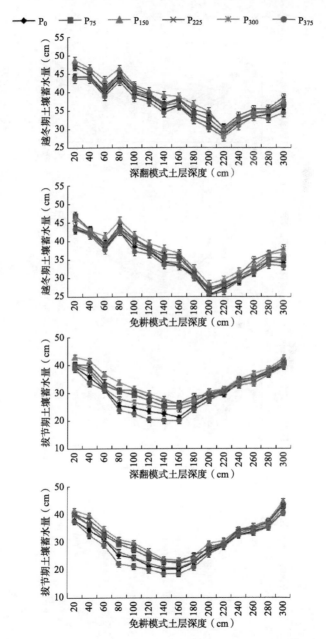

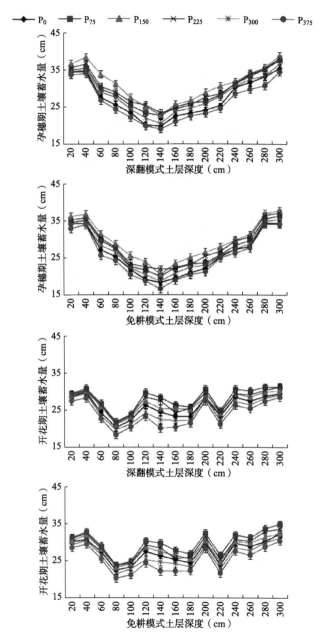

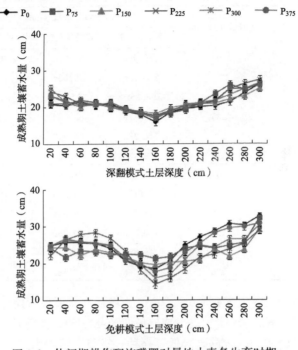

图 3-6　休闲期耕作配施磷肥对旱地小麦各生育时期
0～300 cm 各土层土壤蓄水量的影响

三、旱地小麦蓄水保墒技术下磷肥对各生育阶段 0～300 cm 土壤耗水量的影响

休闲期深翻模式和免耕模式下，随施磷量的增加，旱地小麦休闲期深翻下播种—拔节 0～300 cm 土壤耗水量呈先升后降再升的变化趋势，免耕下呈先降后升的变化趋势，均以施磷量 150 kg/hm² 为最低；休闲期深翻模式和免耕模式下，拔节—开花呈先升后降的变化趋势，施磷量 150 kg/hm² 最高；开花—成熟呈先升后降的变化趋势，施磷量 75 kg/hm² 最高，150 kg/hm² 次之（表 3-12）。

表 3-12　休闲期耕作配施磷肥对旱地小麦各生育阶段 0～300 cm 土壤耗水量的影响

耕作方式	施磷量（kg/hm²）	土壤耗水量（mm）		
		播种—拔节	拔节—开花	开花—成熟
深翻模式	0	156.96c	61.99e	82.68b
	75	236.45a	79.83c	103.35a
	150	98.25f	107.77a	90.38b
	225	115.89e	83.78d	86.33b
	300	144.27d	91.91b	56.20c
	375	179.94b	73.94c	40.98d
免耕模式	0	157.20b	21.86d	104.71b
	75	127.18c	18.27d	120.28a
	150	105.91d	62.55a	107.09b
	225	120.51c	40.39c	100.98b
	300	149.85b	48.35b	72.76c
	375	180.90a	36.38c	59.69d

　　旱地小麦各生育阶段 0～100 cm 土壤耗水量表现为播种—拔节最高，拔节—开花居中，开花—成熟最低（表 3-13）。施磷 75 kg/hm² 时，40 cm 施磷较 20 cm 施磷降低了播种—拔节土壤耗水量，增加了拔节—开花土壤耗水量；施磷 150 kg/hm²、225 kg/hm² 时，40 cm 施磷较 20 cm 施磷增加了播种—拔节土壤耗水量，显著降低拔节—开花土壤耗水量，显著增加开花—成熟土壤耗水量。

表 3-13　深施磷肥对旱地小麦各生育阶段 0～100 cm 土壤耗水量的影响

施磷量（kg/hm²）	施磷深度（cm）	土壤耗水量（mm）		
		播种—拔节	拔节—开花	开花—成熟
75	40	131.48c	100.05a	4.02c
	20	133.49bc	91.58b	11.40ab
150	40	143.57a	89.81b	10.83b
	20	139.06b	98.92a	2.42d
225	40	149.17a	83.40c	12.73a
	20	144.30a	98.85a	1.57d

第五节　旱地小麦蓄水保墒技术下氮磷配施对土壤水分吸收利用的影响

一、旱地小麦蓄水保墒技术下氮磷配施对各生育时期 0～300 cm 土壤蓄水量的影响

随生育进程的推移，0～300 cm 土壤蓄水量逐渐降低，成熟期最低（表 3-14）。增加施氮量，各生育时期 0～300 cm 土壤蓄水量增加，越冬期各处理间差异显著，拔节期 1:0.5、1:0.75 条件下差异显著，开花期、成熟期氮磷比 1:0.75 条件下差异显著。施氮量为 150 kg/hm² 时，增加施磷量，各生育时期 0～300 cm 土壤蓄水量增加，越冬期、拔节期各处理间差异显著，孕穗期、开花期氮磷比 1:1 条件下最高；施氮量为 180 kg/hm² 时，增加施磷量，各生育时期 0～300 cm 土壤蓄水量先增加后减少，越冬期、拔节期各处理间差异显著，孕穗期至成熟期氮磷比 1:0.75 条件下最高。可见，休闲期采用深翻后施氮肥 180 kg/hm² 氮磷比 1:0.75 条件下，利于蓄积各生育时期土壤水分。

表 3-14　氮磷配施对旱地小麦各生育时期 0～300 cm 土壤蓄水量的影响

施氮量 (kg/hm²)	氮磷比	土壤蓄水量（mm）				
		越冬期	拔节期	孕穗期	开花期	成熟期
150	1:0.5	513.44f	428.84e	376.75b	377.87c	353.56c
	1:0.75	520.97e	442.90d	380.62b	382.39c	354.25c
	1:1	561.95b	460.23bc	389.22a	410.10b	365.98b
180	1:0.5	547.90c	463.32b	381.10b	383.64c	358.03c
	1:0.75	591.15a	470.15a	393.23a	456.35a	375.62a
	1:1	533.92d	459.58c	376.95b	380.73c	363.82bc

二、旱地小麦蓄水保墒技术下氮磷配施对各生育时期 0～300 cm 各土层土壤蓄水量的影响

随土层深度的增加，越冬期 0～300 cm 土壤蓄水量呈先降后升的变化趋势，120 cm 土层土壤蓄水量最低（图 3-7）。增加施氮量，可提高 0～60 cm 和 100～260 cm 各土层土壤蓄水量，提高 80 cm 和 280 cm 土层氮磷比 1：0.5 和 1：0.75 条件下土壤蓄水量，提高 300 cm 土层氮磷比 1：0.75 和 1：1 条件下土壤蓄水量。施氮量为 150 kg/hm² 时，增加施磷量，0～280 cm 土层土壤蓄水量先升后降，300 cm 土层逐渐降低，0～60 cm、120～160 cm、260～300 cm 土层差异显著，80～100 cm、140 cm、180～240 cm 土层土壤蓄水量在氮磷比 1：0.75 下最高；施氮量为 180 kg/hm² 时，增加施磷量，0～300 cm 土层土壤蓄水量先升后降，且 0～120 cm、160～180 cm、280 cm 土层差异显著，140 cm 土层土壤蓄水量在氮磷比 1：1 条件下最低，200～260 cm、300 cm 土层在氮磷比 1：0.75 条件下最高。

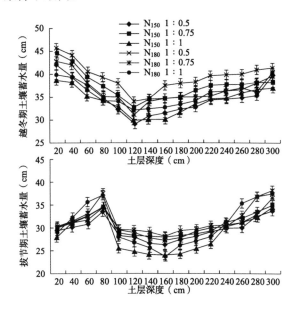

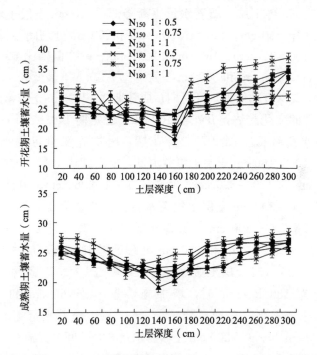

图 3-7　氮磷配施对旱地小麦各生育时期 0～300 cm 各土层土壤蓄水量的影响

　　随土层深度的增加，拔节期 0～300 cm 土壤蓄水量呈先升后降再上升的趋势，160 cm 土层最低（图 3-7）。增加施氮量可提高 0～120 cm、200～220 cm 和 260～300 cm 土壤蓄水量，提高 140 cm、180 cm 和 240 cm 氮磷比 1：0.5 和 1：1 下土壤蓄水量，提高 160 cm 土层氮磷比 1：0.5 条件下土壤蓄水量。施氮量为 150 kg/hm² 时，增加施磷量，0～300 cm 各土层土壤蓄水量先升后降，140～160 cm 土层差异显著，0～20 cm、100～120 cm、180～220 cm 在氮磷比 1：1 下最低，60～80 cm、260 cm 和 300 cm 在氮磷比 1：0.5 下最低，280 cm 土壤蓄水量在氮磷比 1：0.75 下最高；施氮量为 180 kg/hm² 时，增加施磷量，20 cm、80 cm、280 cm 和 300 cm 土壤蓄水量先升后降，40～60 cm 和 260 cm 土壤蓄水量逐渐增加，

100～220 cm 各土层土壤蓄水量逐渐降低，240 cm 土层土壤蓄水量先降后升，60 cm、140 cm、180 cm 和 260 cm 处理间差异显著，20 cm、100～120 cm、160 cm 和 200～220 cm 在氮磷比 1：1 下最低，80 cm、280 cm 和 300 cm 在氮磷比 1：0.5 下最低。

随土层深度的增加，开花期、成熟期 0～300 cm 土壤蓄水量呈先降后升的变化趋势，开花期 160 cm、成熟期 140～160 cm 土层土壤蓄水量较低（图 3-7）。开花期，增加施氮量可提高 40～60 cm、100～160 cm 土层土壤蓄水量，提高氮磷比 1：0.75 和 1：1 下 20 cm 和 180～220 cm、氮磷比 1：1 下 80 cm、氮磷比 1：0.75 下 240～300 cm 土层土壤蓄水量。施氮量为 150 kg/hm² 时，增加施磷量，0～300 cm 土壤蓄水量先增后降，且 20～40 cm、180～200 cm、240 cm 和 280 cm 处理间差异显著，60～80 cm、120 cm 和 260 cm 土层土壤蓄水量在氮磷比 1：0.75 条件下最高；施氮量为 180 kg/hm² 时，增加施磷量，0～60 cm 和 100～300 cm 土壤蓄水量先增后降，80 cm 土层土壤蓄水量逐渐增加，且 0～80 cm 和 240～300 cm 土壤蓄水量各处理间差异显著，100～120 cm 和 180～220 cm 土壤蓄水量在氮磷比 1：0.75 下最高。成熟期，增加施氮量可提高 160 cm、200～220 cm 土壤蓄水量，提高氮磷比 1：0.5 条件下 40 cm、80 cm，氮磷比 1：0.5 和 1：0.75 下 20 cm、60 cm，氮磷比 1：0.5 和 1：1 下 100 cm、180 cm，氮磷比 1：0.75 和 1：1 下 140 cm、240 cm、280～300 cm，氮磷比 1：0.75 下 120 cm 及氮磷比 1：1 下 260 cm 土壤蓄水量。施氮量为 150 kg/hm² 时，增加施磷量，20 cm 和 60 cm 土壤蓄水量先降后升，40 cm 土壤蓄水量逐渐上升，80 cm 和 140～300 cm 土壤蓄水量先升后降，100～120 cm 土层土壤蓄水量逐渐降低，且 80 cm 在氮磷比 1：0.5、240 cm 在 1：0.75 下最高；施氮量为 180 kg/hm² 时，增加施磷量，0～80 cm 土壤蓄水量逐渐降低，100 cm 土壤蓄水量先降后升，120～300 cm 土壤蓄水量先升后降，且 0～60 cm 土层在氮磷比 1：0.5 下最高，120～160 cm、280～300 cm 土层在氮磷比

1：0.75 下最高。

三、旱地小麦蓄水保墒技术下氮磷配施对各生育阶段 0～300 cm 土壤耗水量的影响

旱地小麦各生育阶段 0～300 cm 土壤耗水量表现为播种—拔节最高，拔节—开花居中，开花—成熟最低（表 3-15）。施氮量 150 kg/hm² 或 180 kg/hm² 时，氮磷比 1：0.75 降低播种—拔节和拔节—开花土壤耗水量，增加开花—成熟土壤耗水量，且施氮量 150 kg/hm² 时氮磷比 1：0.75 与 1：1 差异显著，施氮量 180 kg/hm² 时三处理间差异均显著。

表 3-15　氮磷配施对旱地小麦各生育阶段 0～300 cm 各土层土壤耗水量的影响

施氮量 (kg/hm²)	氮磷比	播种—拔节	拔节—开花	开花—成熟
	1：0.5	250.43a	120.59a	47.68b
150	1：0.75	162.09c	49.97c	44.11b
	1：1	194.16b	51.13c	23.62c
	1：0.5	160.70cd	81.07b	24.37c
180	1：0.75	155.21d	13.60d	80.72a
	1：1	166.65c	78.78b	16.91d

第六节　结　　论

（1）产量较高的旱地小麦品种为运旱 20410、运旱 805、运旱 21-30、运旱 22-33、临 Y8159、石麦 19 号，籽粒蛋白质含量较高的是运旱 20410、运旱 805、运旱 22-33、运旱 21-30、运旱 618、长麦 251、洛旱 9 号、长 6359。越冬期至开花期 0～300 cm 土壤蓄水量以高产品种高于低产品种（越冬期除运旱 805 外），成熟期以高产高蛋白品种运旱 20410、运旱 805 高于低产品种。高产品种较低产品种，降低了播种—拔节土壤耗水量，增加了拔节—开花、开

花—成熟土壤耗水量，尤其是临 Y8159 和石麦 19 号。

（2）休闲期深翻后采用膜际条播可较好地蓄水及贮水至拔节期，免耕后采用膜际条播可更好地贮存水分至开花期；采用膜际条播配播量 90 kg/hm² 利于蓄积土壤水分至开花期，且降低前期耗水、增加后期耗水，协调了整个生育期土壤水分的利用，防止后期干旱，提前衰老。

（3）随着施氮量的增加，拔节前耗水增加，拔节—成熟耗水量增加，而施氮量超过 180 kg/hm² 耗水降低，说明在耗水较多的关键时期，施氮量为 180 kg/hm² 有利于促进植株吸水，增加施氮量则降低小麦耗水量。

（4）休闲期耕作蓄水保墒配施磷肥 150 kg/hm² 时，水分可延续用至孕穗期，可显著减少播种—拔节土壤耗水量，增加拔节—开花土壤耗水量；而 40 cm 施磷较 20 cm 施磷增加了播种—拔节土壤耗水量，显著降低拔节—开花土壤耗水量，显著增加开花—成熟土壤耗水量。

（5）休闲期采用深翻后配施氮肥 180 kg/hm² 及氮磷比 1∶0.75 条件下，利于蓄积各生育时期土壤水分，降低播种—拔节和拔节—开花土壤耗水量，增加开花—成熟土壤耗水量。

主要参考文献

邓妍，高志强，孙敏，等，2014. 夏闲期深翻覆盖对旱地麦田土壤水分及产量的影响［J］. 应用生态学报，25（1）：132-138.

任爱霞，孙敏，高志强，等，2017. 夏闲期覆盖配施氮肥对旱地小麦土壤水分及氮素利用的影响［J］. 中国农业科学，50（15）：2888-2903.

任爱霞，孙敏，王培如，等，2017. 黄土高原旱作麦区休闲期覆盖对土壤水分、根系特性和产量的调控效应研究［J］. 山西农业大学学报（自然科学版），37（8）：533-539.

任婕，孙敏，任爱霞，等，2020. 不同抗旱性小麦品种耗水量及产量形成的差异［J］. 中国生态农业学报（中英文），28（2）：211-220.

王文翔，孙敏，林文，等，2021. 不同降雨年型磷肥对旱地小麦根系特征、磷素吸收利用和产量的影响 [J]. 应用生态学报, 32 (3): 895-905.

邢军, 孙敏, 高志强, 等, 2014. 氮磷肥对旱地小麦土壤水分与根系特性的
　　影响 [J]. 中国农学通报, 30 (6): 82-86.

赵红梅, 高志强, 孙敏, 等, 2012. 休闲期耕作对旱地小麦土壤水分、花后
　　脯氨酸积累及籽粒蛋白质积累的影响 [J]. 中国农业科学, 45 (22):
　　4574-4586.

赵杰, 林文, 孙敏, 等, 2021. 休闲期深翻和探墒沟播对旱地小麦水氮资源
　　利用的影响 [J]. 应用生态学报, 32 (4): 1307-1316.

第四章 旱地小麦地上部物质形成的研究

旱地小麦地上部物质生产状况决定着产量的水平，物质形成与田间单株生长、群体生长状况息息相关。因此，前人围绕旱地小麦叶面积、群体分蘖、干物质积累量等这些表征物质形成过程中重要的农艺指标进行了研究。小麦产量的增加主要是穗部生物量分配的增加，且增加幅度要大于地上生物量的增加幅度（王建永，2016）。产量的形成与花后干物质累积量的关系更为密切，叶片、茎秆＋叶鞘干物质累积量与产量呈线性关系且正相关，颖壳＋穗轴干物质累积量与产量呈抛物线关系，休闲期深松配套 10 月 1 日播种有利于改善旱地麦田土壤水分，提高干物质累积运转，从而实现增产（高培芳等，2018）。在甘肃旱地雨养农业区，旱地麦田采用全膜覆土穴播的株高最高，叶面积最大，籽粒产量最高，较常规耕作增产14.50％。全膜覆土穴播增产主要是通过增加穗长和穗粒数来实现，也归因于花前营养器官干物质的积累量及其在花后向籽粒的运转量、运转效率和对籽粒产量的贡献率较常规耕作显著增加，特别是增加了叶片和颖壳的干物质运转量、运转效率；施氮增产的原因主要是促进了不同器官干物质积累和开花后干物质运转（张礼军等，2018）。休闲期采用深松、深翻交替耕作可增加群体分蘖数，提高小麦各生育时期株高、叶面积指数及干物质积累量，提高小麦花前干物质转移量及其对籽粒的贡献率，最终优化群体实现增产（曹碧芸等，2020）。在晋南地区，旱地小麦 9 月 20 日配套播量 67.5 kg/hm² 形成的一类群体结构，可增加花后籽粒灌浆，促进干物质量积累，利于其运转及对籽粒的贡献，使旱地小麦增产（杨磊等，2021）。

在生育后期补施氮肥后秸秆覆盖处理较不覆盖处理冬小麦产量及其构成因素有不同程度的提高，株高、生物量、千粒重显著提

高，生育期全量秸秆覆盖处理籽粒产量和收获指数较不覆盖处理高
30.27％和1.54％（刘文清，2020）。在四川丘陵旱地小麦，与施
氮120 kg/hm²相比，增施氮肥后可增加三叶期至开花期干物质积
累量，而成熟期则以施氮120 kg/hm²较大。不同施肥方式间比较，
氮肥重底早追显著增加了三叶期至孕穗期干物质积累量和群体叶面
积指数，氮肥后移则显著增加了开花期与成熟期干物质积累量及开
花期群体叶面积指数，基肥一道清处理孕穗期、开花期、成熟期的
干物质积累量均最小（王强生等，2016）。增加施磷量，旱地小麦
各生育时期植株干物质量增加，产量和水分利用效率显著提高，且
40 cm深度施高磷明显促进生育后期干物质积累，显著提高了产量
和水分利用效率（陈梦楠等，2016）。

　　本文围绕物质形成开展不同旱地小麦品种、播种方式、施氮
量、施磷量和氮磷配施的试验，研究其对叶面积、群体分蘖和干物
质积累量的影响，从而筛选出地上部生物量较好的潜力品种、适宜
的播种方式与施肥量，为旱作小麦稳产高产提供基础。

第一节　不同旱地小麦品种物质形成的差异

一、不同旱地小麦品种干物质积累的差异

　　随生育进程的推移，不同品种小麦单株干物质量表现为逐渐上
升的变化趋势，成熟期最高，且拔节前增加缓慢，拔节期至孕穗期
迅速增加，孕穗期至成熟期缓慢增加（图4-1）。旱地小麦各生育
时期单株干物质量以高产品种较高，且在拔节期至成熟期与低产品
种差异显著。高产品种各生育时期单株干物质量临Y8159、石麦
19号较高，且与运旱20410、运旱805差异显著，其中石麦19号
最高；运旱20410、运旱805较低，且在越冬期至拔节期运旱
20410较低，在孕穗期至成熟期运旱805较低。低产品种越冬期单
株干物质量运旱618最高，洛旱11最低。拔节期至成熟期单株干
物质量运旱618、长麦251较高，且运旱618最高；长麦6697、洛
旱11较低，且洛旱11最低。可见，旱地小麦高产品种各生育时期
单株干物质量较高。

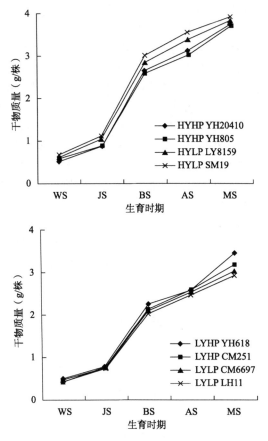

图 4-1 旱地小麦不同品种各生育时期干物质量的差异

二、不同旱地小麦品种成熟期农艺性状的差异

不同品种小麦成熟期农艺性状株高高产品种运旱 805、临 Y8159 较高，且与低产品种差异显著；穗长、可孕小穗数高产品种较高，且穗长高产品种均与低产品种差异显著，可孕小穗数临 Y8159、石麦 19 号与低产品种差异显著；不孕小穗数高产品种较低，且与低产品种差异显著（表 4-1）。

表 4-1　旱地小麦不同品种成熟期单株农艺性状的差异

类型	品种	株高（cm）	穗长（cm）	可孕小穗数	不孕小穗数
高产高蛋白	运旱 20410	61.95b	7.63b	13.07b	2.20d
	运旱 805	63.90a	8.07a	12.96b	2.20d
高产低蛋白	临 Y8159	64.25a	7.42c	13.55a	2.15de
	石麦 19 号	58.45c	7.10d	13.64a	2.07e
低产高蛋白	运旱 618	56.24d	6.89e	12.89b	2.53c
	长麦 251	62.51b	6.74f	12.50cd	2.50c
低产低蛋白	长麦 6697	61.60b	6.66f	12.56c	3.20b
	洛旱 11	58.55c	6.48g	12.34d	3.80a

　　高产品种株高运旱 805、临 Y8159 较高，且与运旱 20410、石麦 19 号差异显著，其中临 Y8159 最高；运旱 20410、石麦 19 号较低，且石麦 19 号最低。穗长运旱 20410、运旱 805 较高，且与临 Y8159、石麦 19 号差异显著，其中运旱 805 最高；临 Y8159、石麦 19 号较低，且石麦 19 号最低。可孕小穗数临 Y8159、石麦 19 号较高，且与运旱 20410、运旱 805 差异显著，其中石麦 19 号最高；运旱 20410、运旱 805 较低，且运旱 805 最低。不孕小穗数运旱 20410、运旱 805 较高；临 Y8159、石麦 19 号较低，且石麦 19 号最低。

　　低产品种株高长麦 251、长麦 6697 较高，且与运旱 618、洛旱 11 差异显著，其中长麦 251 最高；运旱 618、洛旱 11 较低，且洛旱 11 最低。穗长运旱 618、长麦 251 较高，且运旱 618 最高；长麦 6697、洛旱 11 较低，且洛旱 11 最低。可孕小穗数运旱 618、长麦 6697 较高，且运旱 11 最高。不孕小穗数长麦 6697、洛旱 11 较高，且与运旱 618、长麦 251 差异显著，其中洛旱 11 最高；运旱 618、长麦 251 较低，且长麦 251 最低。

第二节 旱地小麦蓄水保墒技术下播种方式对物质形成的影响

一、旱地小麦蓄水保墒技术下播种方式对叶面积的影响

随生育进程的推移，旱地小麦叶面积呈先升高后降低的变化趋势，孕穗期达峰值（图4-2）。休闲期深翻后，探墒沟播、膜际条播较常规条播提高了各生育时期叶面积，且探墒沟播高于膜际条播。随播量的增加，各生育时期叶面积呈先升高后降低，但各处理间差异不显著。

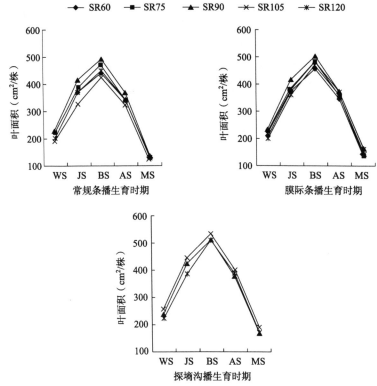

图 4-2 旱地小麦播种方式配播量对各生育时期叶面积的影响

二、旱地小麦蓄水保墒技术下播种方式对群体分蘖的影响

随生育进程的推移，群体分蘖数先急速升高后急速降低又缓慢降低，拔节期达最高，成熟期最低（图 4-3）。休闲期深翻后，膜际条播较探墒沟播和常规条播，显著提高各生育时期群体分蘖数。在膜际条播、常规条播条件下，越冬—拔节群体分蘖数播量 105 kg/hm² 处理显著高于其他处理，孕穗—成熟群体分蘖数播量 90 kg/hm² 处理显著高于其他处理，且各生育时期播量 60 kg/hm²

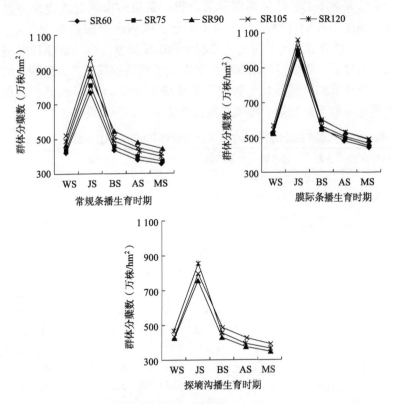

图 4-3　旱地小麦播种方式配播量对各生育时期群体分蘖的影响

处理最低。在探墒沟播条件下，返青—拔节群体分蘖数播量 120 kg/hm² 处理显著高于其他处理，孕穗—成熟播量 105 kg/hm² 处理显著高于其他处理，且各生育时期播量 90 kg/hm² 最低。可见，休闲期深翻后，膜际条播、条播配播量 90 kg/hm²，探墒沟播配播量 105 kg/hm²，利于成熟期群体分蘖数形成。

三、旱地小麦蓄水保墒技术下播种方式对地上部干物质积累量的影响

随生育进程的推移，旱地小麦群体干物质量逐渐升高，成熟期达峰值（表 4-2）。休闲期深翻后，膜际条播和探墒沟播较常规条播，提高了各生育时期干物质积累量。探墒沟播配播量 105 kg/hm²，可显著提高拔节期至成熟期干物质积累量；膜际条播和常规条播条件下，随播量的增加各生育时期干物质积累量先升后降，膜际条播拔节期至成熟期干物质积累量播量 105 kg/hm² 最高，常规条播越冬期至开花期干物质积累量播量 90 kg/hm² 最高。

表 4-2 休闲期深翻模式下播种方式配套播量对小麦干物质量的影响（kg/hm²）

播种方式	播量	越冬期	拔节期	孕穗期	开花期	成熟期
探墒沟播	90	1 817.63b	2 224.06c	7 125.38c	8 865.42c	12 884.16c
	105	2 003.62a	2 868.65a	8 270.69a	10 904.22a	15 288.12a
	120	1 988.22a	2 528.64b	7 845.48b	9 763.56b	13 896.16b
膜际条播	60	1 755.33d	2 201.00e	6 121.80d	7 891.68d	10 872.12d
	75	1 799.36c	2 296.00d	6 553.48c	8 243.68c	12 252.12c
	90	2 236.33a	2 894.50b	6 943.36b	9 604.16b	13 356.12b
	105	1 988.36b	3 099.50a	7 999.73a	10 432.24a	14 736.12a
	120	1 649.50e	2 594.00c	6 598.42c	8 319.36c	13 077.36b
常规条播	60	1 338.50c	2 044.50d	5 250.91d	6 899.92d	9 676.12d
	75	1 460.50b	2 101.00c	6 113.47c	7 976.16c	10 872.12c
	90	1 799.50a	2 466.00a	7 149.30a	8 771.68a	12 252.12a
	105	1 349.50c	2 396.00b	6 806.56b	8 419.68b	12 403.00a
	120	1 216.00d	1 976.50e	4 787.97e	6 747.68e	11 516.12b

第三节　旱地小麦蓄水保墒技术下氮肥对物质形成的影响

一、旱地小麦蓄水保墒技术下施氮量对群体分蘖的影响

休闲期深翻较免耕，可提高旱地小麦各生育时期分蘖数，且越冬期 0 kg/hm²、120 kg/hm²、150 kg/hm²、180 kg/hm² 条件下差异显著，拔节期 120 kg/hm²、150 kg/hm²、210 kg/hm² 条件下显著提高，孕穗期 0 kg/hm²、90 kg/hm² 条件下显著提高，开花期 0 kg/hm²、120 kg/hm²、150 kg/hm²、180 kg/hm²、210 kg/hm² 条件下差异显著，返青期、成熟期各处理显著（表 4-3）。随施氮量的增加，越冬期、返青期分蘖数逐渐增加，而拔节期至成熟期分蘖数先增加后降低，施氮量 180 kg/hm² 时达到最大。可见，旱地小麦休闲期深翻配增施氮肥有利于生育前期的分蘖数增加，但较高的施氮量生育后期分蘖成穗反而减少，施氮肥 180 kg/hm² 效果最好。

表 4-3　旱地小麦休闲期深翻配施氮肥对各生育时期分蘖数的影响

耕作方式	施氮量 (kg/hm²)	分蘖数（万株/hm²）					
		越冬期	返青期	拔节期	孕穗期	开花期	成熟期
深翻模式	0	751.00d	788.50d	989.50d	531.50e	520.50e	518.50d
	90	752.00d	809.00d	1 044.00d	549.00d	531.00d	529.00cd
	120	786.00c	842.50c	1 122.00c	577.00c	557.00bc	550.00ab
	150	807.00bc	871.50b	1 191.00b	583.00bc	562.50b	553.00ab
	180	827.50ab	892.50ab	1 282.00a	620.00a	576.00a	560.50a
	210	839.00a	908.00a	1 248.00ab	594.00b	548.00c	541.00bc
免耕模式	0	719.50e	743.50c	965.00e	504.00d	488.50c	480.00d
	90	736.50de	776.50c	1 005.00de	530.00c	520.00b	514.00bc
	120	752.50cd	749.00c	1 052.00d	569.00b	540.00b	526.50ab
	150	776.50bc	814.00b	1 124.00c	577.00b	544.00b	536.00a
	180	801.00b	842.50ab	1 266.00a	614.00a	552.00a	539.00a
	210	833.00a	864.50a	1 187.00b	581.00b	506.00b	499.00c

二、旱地小麦蓄水保墒技术下施氮量对地上部干物质积累量的影响

随生育进程的推移，旱地小麦各生育时期干物质积累量呈逐渐增加的趋势，成熟期达到最高（表4-4）。休闲期深翻较免耕，可提高各生育时期植株干物质量，且越冬期施氮量 120 kg/hm²、150 kg/hm²、180 kg/hm²，拔节期 90 kg/hm²，孕穗期 0 kg/hm²、90 kg/hm²、120 kg/hm²、150 kg/hm²、180 kg/hm²，开花期 90 kg/hm²、120 kg/hm²、150 kg/hm²，成熟期各处理差异显著。随着施氮量增加，各生育时期干物质量先升后降，施氮量 180 kg/hm² 达峰值，休闲期深翻条件下越冬期 0～180 kg/hm² 各处理间差异显著，拔节期 0～150 kg/hm² 各处理间差异显著，孕穗期各处理间差异显著，开花期 0～180 kg/hm² 各处理间差异显著，成熟期 180 kg/hm² 与其他处理间差异显著。休闲期免耕条件下，越冬期、开花期、成熟期 150 kg/hm² 处理显著高于其他处理，拔节期、孕穗期差异不显著。可见，施氮量为 180 kg/hm² 时有利于植株干物质形成，且深翻条件下效果较好。

表4-4　休闲期深翻配施氮肥对各生育时期干物质量的影响（kg/hm²）

耕作方式	施氮量	越冬期	拔节期	孕穗期	开花期	成熟期
深翻模式	0	1 969.38e	2 617.73d	7 763.50f	9 379.80e	15 014.11e
	90	2 227.18d	2 852.37c	8 408.55e	9 950.34d	16 190.34d
	120	2 440.53c	3 148.24b	9 565.04d	10 771.34c	16 604.47cd
	150	2 709.63b	3 481.87a	10 277.80b	11 638.93b	18 227.80b
	180	3 132.26a	3 597.65a	10 600.15a	12 248.09a	19 055.78a
	210	2 362.33cd	3 178.23b	9 864.40c	10 763.13c	16 890.14c
免耕模式	0	1 849.08d	2 501.69c	6 994.60e	8 978.42c	14 638.53d
	90	2 187.19c	2 620.44c	8 088.75d	9 032.64c	14 650.61d
	120	2 285.63c	3 097.70b	9 316.41c	10 297.13b	15 734.55c
	150	2 535.75b	3 323.25ab	9 812.75ab	10 726.53b	16 565.84b
	180	2 813.63a	3 413.56a	10 037.85a	12 013.79a	18 147.47a
	210	2 243.88c	3 076.62b	9 781.70b	10 588.57b	15 804.42c

第四节　旱地小麦蓄水保墒技术下磷肥
对物质形成的影响

一、旱地小麦蓄水保墒技术下磷肥对叶面积的影响

随生育进程的推移，植株叶面积先升高后降低，孕穗期达最大（图 4-4）。休闲期深翻较免耕，植株各生育时期（除施磷量 375 kg/hm² 条件下越冬期外）叶面积显著提高。随施磷量的增加，各生育时期叶面积呈先升后降的变化趋势，施磷量 150 kg/hm²（除免耕下越冬期、拔节期）最高、225 kg/hm² 次之、375 kg/hm² 最低，且深翻下越冬期、成熟期差异显著，孕穗期各处理间差异显著。可见，休闲期深翻有利于提高植株叶面积，配施磷肥 150 kg/hm² 效果显著。

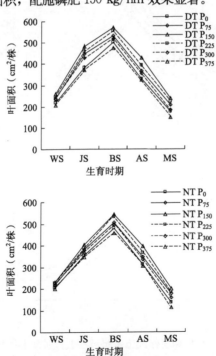

图 4-4　旱地小麦休闲期耕作配施磷肥对各生育时期叶面积的影响

二、旱地小麦蓄水保墒技术下磷肥对群体分蘖的影响

随生育进程的推移，旱地小麦群体分蘖数均先升后降，拔节期达最大（图4-5）。休闲期深翻较免耕，各生育时期群体分蘖数显著提高（除施磷量 375 kg/hm² 条件下越冬期、0 kg/hm² 条件下拔节期外）。随施磷量的增加，各生育时期群体分蘖数均呈先升后降的变化趋势，施磷量 150 kg/hm² 最高、225 kg/hm² 次之、375 kg/hm² 最低。可见，休闲期深翻配施磷肥 150 kg/hm² 有利于构建合理群体，优化群体分蘖。

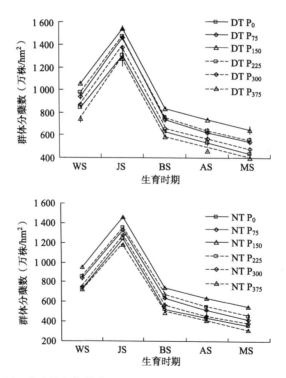

图 4-5 旱地小麦休闲期耕作配施磷肥对各生育时期群体分蘖动态的影响

三、旱地小麦蓄水保墒技术下磷肥对干物质积累量的影响

休闲期深翻较免耕，旱地小麦各生育时期植株干物质积累量显著提高（除施磷量 375 kg/hm² 条件下越冬期外）（表 4-5）。随施磷量的增加，各生育时期植株干物质量先升后降，越冬期、成熟期施磷量 150 kg/hm² 最高，225 kg/hm² 次之，深翻下施磷量 375 kg/hm² 最低，免耕下 0 kg/hm² 最低；拔节期施磷量 150 kg/hm² 最高，深翻下施磷量 225 kg/hm² 次之，免耕下 75 kg/hm² 次之，施磷量 375 kg/hm² 最低；孕穗期至开花期施磷量 150 kg/hm² 最高，225 kg/hm² 次之，375 kg/hm² 最低。可见，休闲期深翻配施磷肥 150 kg/hm² 有利于植株干物质累积。

表 4-5　旱地小麦休闲期耕作配施磷肥对各生育时期干物质量的影响（kg/hm²）

耕作方式	施磷量	越冬期	拔节期	孕穗期	开花期	成熟期
深翻模式	0	2 223.90c	3 383.30d	8 770.20f	11 850.60e	13 982.41e
	75	2 545.20b	3 528.10c	10 030.90c	12 425.00c	15 410.79c
	150	2 869.20a	4 080.05a	10 802.30a	13 276.05a	18 725.23a
	225	2 626.30b	3 597.10bc	10 249.20b	12 818.75b	16 765.88b
	300	2 201.40c	3 305.30d	8 648.40g	12 081.10d	15 029.87d
	375	1 900.80e	2 946.70f	7 899.10i	11 510.35f	13 492.70f
免耕模式	0	1 822.50e	3 092.10e	7 569.60j	10 900.55h	12 068.43g
	75	2 041.20d	3 305.90d	8 682.80fg	11 251.00g	13 557.54f
	150	2 250.80c	3 695.10b	9 536.00d	11 841.50e	15 526.48c
	225	2 055.80d	3 303.90d	9 077.30e	11 399.60f	14 040.50e
	300	1 853.00e	3 007.00ef	8 532.60h	10 965.15h	13 457.87f
	375	1 823.10e	2 775.10g	7 395.40k	10 060.65i	12 182.57g

第五节　旱地小麦蓄水保墒技术下氮磷配施对物质形成的影响

一、旱地小麦蓄水保墒技术下氮磷配施对叶面积的影响

随生育进程的推移，旱地小麦叶面积先升后降，孕穗期达最大（图4-6）。增加施氮量，提高氮磷比1：0.5和1：0.75条件下越冬期叶面积，提高氮磷比1：0.5条件下拔节期叶面积，而孕穗期和开花期叶面积逐渐降低，且越冬期氮磷比1：0.75条件下差异显著，拔节期至孕穗期氮磷比1：0.75和1：1条件下差异显著，开花期各处理间差异显著。施氮量为150 kg/hm² 时，增加施磷量，越冬期至孕穗期叶面积先增后减，且拔节期各处理间差异显著，越冬期氮磷比1：0.75条件下显著最高，开花期逐渐减少。施氮量为180 kg/hm² 时，增加施磷量，越冬期叶面积逐渐增加，氮磷比1：1最高；拔节期逐渐降低，氮磷比1：0.5最高，孕穗期和开花期均先增后减，氮磷比1：0.75最高，且拔节期和开花期各处理间差异显著。

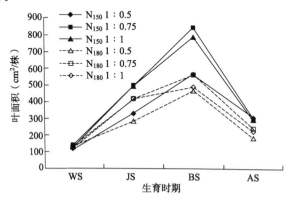

图4-6　旱地小麦休闲期深翻配施氮磷肥对各生育时期叶面积的影响

二、旱地小麦蓄水保墒技术下氮磷配施对地上部干物质积累量的影响

随生育进程的推移，旱地小麦各生育时期地上部干物质积累量逐渐增多，成熟期达最大（表4-6）。增加施氮量，各生育时期植株干物质量逐渐增加（除氮磷比1：1外），且拔节期、孕穗期和成熟期各处理间差异显著，越冬期氮磷比1：0.75条件下差异显著，开花期氮磷比1：0.5和1：0.75条件下差异显著。

施氮量为150 kg/hm²时，增加施磷量，越冬期至开花期地上部干物质积累量增加，成熟期干物质量先减后增，氮磷比1：1条件下各生育时期干物质量显著最高；施氮量为180 kg/hm²时，增加施磷量，各生育时期植株干物质量先增后减，氮磷比1：0.75条件下各生育时期植株干物质量显著最高。可见，休闲期采用深翻耕作，施氮量180 kg/hm²氮磷比1：0.75条件下，利于植株地上部生长。

表4-6　旱地小麦休闲期深翻配施氮磷肥对各生育时期干物质量的影响

施氮量	氮磷比	干物质量（kg/hm²）				
		越冬期	拔节期	孕穗期	开花期	成熟期
150	1：0.5	1 826.50d	3 211.50d	8 010.50e	11 027.75d	14 698.05d
	1：0.75	2 003.50cd	3 333.63d	8 768.75d	11 389.75cd	13 420.50e
	1：1	2 393.63b	3 876.25b	10 150.50b	12 446.50b	17 684.45c
180	1：0.5	2 060.75cd	3 547.00c	9 167.75c	11 925.75bc	18 527.85b
	1：0.75	2 884.50a	4 102.88a	10 938.75a	13 397.50a	19 034.83a
	1：1	2 164.75bc	3 546.88c	10 291.50b	12 579.50b	18 809.40b

第六节　结　论

（1）旱地小麦成熟期农艺性状株高高产品种运旱618、临Y8159较高，且与低产品种差异显著，各生育时期单株干物质量高产品种临Y8159、石麦19号较高。

（2）旱地麦田休闲期深翻后，探墒沟播、膜际条播较常规条

播，提高了各生育时期叶面积，尤其是探墒沟播，且配播量105 kg/hm²利于成熟期群体分蘖数形成，显著提高拔节期至成熟期干物质积累量。

（3）旱地麦田休闲期深翻配增施氮肥，有利于生育前期的分蘖数增加、植株干物质形成，但较高的施氮量生育后期分蘖成穗反而减少，施氮量180 kg/hm²效果最好。

（4）旱地麦田休闲期深翻有利于提高各生育时期植株叶面积、群体分蘖数和干物质积累量，配施磷肥150 kg/hm²效果更好。

（5）旱地麦田休闲期采用深翻，施氮量180 kg/hm²氮磷比1∶0.75条件下，利于植株地上部生长。

主要参考文献

曹碧芸，赵剑敏，余少波，等，2020. 休闲期轮耕对旱地小麦群体质量与产量的影响［J］. 山西农业科学，48（4）：560-565.

陈梦楠，高志强，孙敏，等，2016. 旱地小麦深施磷肥对群体动态及产量形成的影响［J］. 山西农业大学学报（自然科学版），36（6）：395-399.

高培芳，金永贵，孙敏，等，2018. 休闲期深松及播对旱地小麦干物质累积特性与产量的影响［J］. 华北农学报，33（4）：160-166.

刘文清，2020. 生育后期补施氮肥对秸秆覆盖条件下的旱作冬小麦产量形成和土壤碳氮库的影响［D］. 西安：西北大学.

王建永，2016. 旱地小麦生理生态性状演化及产量形成机理研究［D］. 兰州：兰州大学.

王强生，徐娟，樊高琼，等，2016. 基于"三合结构"分析氮肥运筹对四川丘陵旱地小麦物质生产及产量形成的影响［J］. 麦类作物学报，36（10）：1369-1376.

杨磊，孙敏，林文，等，2021. 群体结构对旱地小麦土壤耗水与物质生产形成的影响［J］. 生态学杂志，40（5）：1356-1365.

张礼军，鲁清林，张文涛，等，2018. 耕作方式和施氮量对旱地冬小麦开花后干物质转运特征、糖含量及产量的影响［J］. 麦类作物学报，38（12）：1453-1464.

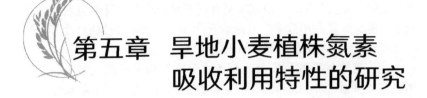

第五章　旱地小麦植株氮素吸收利用特性的研究

　　氮是生命元素，没有氮就没有蛋白质，没有蛋白质就没有生命。蛋白质含氮 16%～18%，蛋白态氮占植株全氮的 80%～85%；叶绿体含蛋白质 45%～60%；酶本身就是蛋白质，酶是植物体内生化反应和代谢过程中的催化剂；核酸（DNA、RNA）含氮 15%～16%，核酸态氮占植株全氮的 10% 左右；另外，氮是维生素的组分，生物碱、内源激素（吲哚乙酸、细胞分裂素）以及磷脂也都含有氮。植株吸收氮主要以 NH_4^+、NO_3^- 等离子态氮为主，其他可溶性有机含氮小分子化合物，如氨基酸、酰胺、尿素（属于酰胺态氮）等，也可被吸收利用。在旱地小麦生产中，氮素的高效吸收利用，一方面提升了小麦的品质，另一方面减少了氮肥的淋溶，降低环境污染的风险。因此，前人围绕不同的栽培对氮素吸收利用的影响做了大量研究。

　　决定小麦籽粒产量和蛋白质含量的重要因素是植株营养器官贮藏的营养物质在灌浆后期运转到籽粒中的多少，而籽粒产量和蛋白质含量的差异主要是开花期至成熟期植株光合生产能力及吸氮能力的差异导致的（田纪春等，1994；徐恒永等，2002）。氮素利用效率的差异不仅表现在种间，而且也表现在种内。周顺利等（2000）研究表明，冬小麦品种间总需氮量、阶段吸收量、吸收强度、氮素利用效率、秸秆含氮量、氮收获指数差异显著。随播量增加，植株氮素积累量呈先增加后降低的趋势，氮素利用效率对播量的响应在不同品种间呈现不同规律。李强等（2014）研究表明，播量的增加会造成开花后期土壤硝态氮更加缺乏，降低籽粒含氮量。Gaju 等（2011）研究表明，增加播量可促进小麦根系下扎，深层根系增多，可提高对氮素的吸收。孙慧敏等（2006）研究表明，氮素利用效率随施磷量的增加呈现降低的变化趋势。陈远学等（2014）研究表明，施磷有利于小麦氮素吸收效率和收获指数的提高，但对氮素利用效率无明显的影响。王帅等（2015）研究表明，覆盖条件下，增施磷肥有利于旱地小麦植株对氮素的吸收利用，提高氮素利用效率，且施磷量为 150 kg/hm² 效果较好。可见，不同的栽培措施均会影响氮素的吸收利用。

　　小麦氮素的吸收利用与土壤的水分密切相关，前人多集中于单项研究不同栽培措施的氮素吸收利用效果，而在休闲期蓄水保墒基础上的研究不多。因此，本文在旱地小麦休闲期采用不同蓄水保墒措施配合不同品种、播种方式、播量、氮肥、磷肥对各生育时期氮素吸收、运转及氮效率的影响进行研究，揭示旱地小麦蓄水保墒技术下配套的适宜栽培措施及其生理机制，旨在为旱地小麦高效生产提供理论依据与技术支撑。

第一节　不同旱地小麦品种植株氮素吸收利用的差异

一、不同旱地小麦品种植株氮素积累量的差异

　　随生育进程的推移，不同品种小麦植株氮素积累量表现为先增加后略降低又增加的趋势，成熟期最大（表 5-1）。各生育时期植株氮素积累量以高产品种较高（拔节期除运旱 20410 外），且在开花期和成熟期其与低产品种差异显著。

表 5-1　不同品种各生育时期植株氮素积累量的差异（kg/hm²）

类型	品种	越冬期	拔节期	孕穗期	开花期	成熟期
高产高蛋白	运旱 20410	12.55c	26.53abc	79.95a	70.64a	91.05a
	运旱 805	14.89a	27.61ab	78.46ab	69.53a	89.93a
高产低蛋白	临 Y8159	14.00ab	29.11a	72.94bc	68.64a	88.07a
	石麦 19 号	14.31ab	28.88a	71.97c	67.85a	87.55a
低产高蛋白	运旱 618	13.31bc	25.35bcd	69.61cd	59.78b	74.38b
	长麦 251	10.50d	23.56cde	63.33de	57.64b	70.67b
低产低蛋白	长麦 6697	10.78d	22.97de	60.60ef	56.14b	69.57bc
	洛旱 11	8.98e	21.60e	56.09f	53.36b	64.51c

高产品种越冬期氮素积累量运旱 805 最高，运旱 20410 最低。拔节期氮素积累量临 Y8159、石麦 19 号较高，且临 Y8159 最高；运旱 20410、运旱 805 较低，且运旱 20410 最低。孕穗期至成熟期氮素积累量运旱 20410、运旱 805 较高，且运旱 20410 最高；临 Y8159、石麦 19 号较低，且石麦 19 号最低。低产品种各生育时期氮素积累量运旱 618、长麦 251 较高，且运旱 618 最高；长麦 6697、洛旱 11 较低，且洛旱 11 最低。

二、不同品种植株各生育阶段氮素积累量及其所占比例的差异

不同品种小麦植株氮素积累量及其所占比例均在拔节—开花最大（表 5-2）。各生育阶段植株氮素积累量、开花—成熟氮素积累量所占比例均以高产品种较高。

高产品种出苗—拔节植株氮素积累量及其所占比例临 Y8159、石麦 19 号较高，且临 Y8159 最高；运旱 20410、运旱 805 较低，且运旱 20410 最低。拔节—开花、开花—成熟氮素积累量及其所占比例运旱 20410、运旱 805 较高，且拔节—开花氮素积累量及其所占比例、开花—成熟氮素积累量运旱 20410 较高，开花—成熟氮素积累量所占比例运旱 805 较高。

表 5-2　不同品种植株各生育阶段氮素积累量及其所占比例的差异

| 类型 | 品种 | 出苗—拔节 | | 拔节—开花 | | 开花—成熟 | |
		氮素积累量 (kg/hm²)	比例 (%)	氮素积累量 (kg/hm²)	比例 (%)	氮素积累量 (kg/hm²)	比例 (%)
高产高蛋白	运旱 20410	26.53abc	29.13b	44.12a	48.45a	20.41a	22.42a
	运旱 805	27.61ab	30.70ab	41.92a	46.61a	20.40a	22.69a
高产低蛋白	临 Y8159	29.11a	33.06ab	39.53ab	44.89a	19.42a	22.06a
	石麦 19 号	28.88a	32.99ab	38.97abc	44.51a	19.70a	22.50a
低产高蛋白	运旱 618	25.35bcd	34.08a	34.43bcd	46.28a	14.61ab	19.64a
	长麦 251	23.56cde	33.33a	34.08cd	48.23a	13.03b	18.44a

（续）

类型	品种	出苗—拔节		拔节—开花		开花—成熟	
		氮素积累量(kg/hm²)	比例(%)	氮素积累量(kg/hm²)	比例(%)	氮素积累量(kg/hm²)	比例(%)
低产低蛋白	长麦 6697	22.97de	33.02ab	33.17d	47.68a	13.43b	19.30a
	洛旱 11	21.60e	33.49a	31.76d	49.23a	11.15b	17.29a

三、不同品种植株成熟期植株各器官氮素积累量的差异

由表 5-3 可看出，高产品种小麦成熟期茎秆＋茎鞘氮素积累量石麦 19 号最高，运旱 805 最低。叶片、颖壳＋穗轴氮素积累量临 Y8159、石麦 19 号较高，且叶片氮素积累量石麦 19 号显著最高；运旱 20410、运旱 805 较低，且运旱 805 最低。而籽粒氮素积累量及其所占比例运旱 20410、运旱 805 较高，且运旱 805 最高；临 Y8159、石麦 19 号较低，且石麦 19 号最低。

表 5-3 不同品种成熟期植株各器官氮素积累量的差异

类型	品种	茎秆＋茎鞘氮素积累量	叶片氮素积累量	颖壳＋穗轴氮素积累量	籽粒	
					氮素积累量	比例（%）
高产高蛋白	运旱 20410	14.47ab	5.34b	5.22bc	66.02ab	72.51ab
	运旱 805	13.32abcd	4.38c	3.80d	68.42a	76.08a
高产低蛋白	临 Y8159	13.99abc	5.42b	6.15a	62.51bc	70.98b
	石麦 19 号	14.83a	6.11a	6.54a	60.08cd	68.62bc
低产高蛋白	运旱 618	10.13e	3.61d	3.69d	56.96d	76.58a
	长麦 251	12.55cd	4.48c	4.84c	48.81e	69.07bc
低产低蛋白	长麦 6697	13.15bcd	5.44b	5.90ab	45.07ef	64.79c
	洛旱 11	12.08d	5.34b	5.31bc	41.78f	64.77c

低产品种成熟期茎秆＋茎鞘氮素积累量长麦 6697 最高，运旱 618 最低。籽粒氮素积累量及其所占比例均运旱 618、长麦 251 较高，且运旱 618 最高；长麦 6697、洛旱 11 较低，且洛旱 11 最低，而叶片、颖壳＋穗轴氮素积累量相反。

四、不同旱地小麦品种植株氮素运转的差异

不同品种小麦花前氮素运转量、花后氮素积累量及其对籽粒的贡献率以高产品种较高（花前氮素运转量除石麦 19 号外），且花前氮素运转量及其对籽粒的贡献率大于花后氮素积累量及其对籽粒的贡献率（表 5-4）。

表 5-4　不同品种花前氮素运转和花后氮素积累量的差异

类型	品种	花前运转 (kg/hm²)	花前运转/籽粒 (%)	花后积累 (kg/hm²)	花后积累/籽粒 (%)
高产高蛋白	运旱 20410	45.61ab	69.08a	20.41a	30.92a
	运旱 805	48.02a	70.18a	20.40a	29.82a
高产低蛋白	临 Y8159	43.09ab	68.93a	19.42ab	31.07a
	石麦 19 号	40.38bc	67.21a	19.70ab	32.79a
低产高蛋白	运旱 618	42.35abc	74.36a	14.61abc	25.64a
	长麦 251	35.78cd	73.31a	13.03bc	26.70a
低产低蛋白	长麦 6697	31.65d	70.21a	13.43abc	29.79a
	洛旱 11	30.63d	73.30a	11.15c	26.69a

注：花前运转/籽粒指花前氮素运转量对籽粒的贡献率；花后积累/籽粒指花后氮素积累量对籽粒的贡献率。

高产品种花前氮素运转量及其对籽粒的贡献率运旱 20410、运旱 805 较高，且运旱 805 最高；临 Y8159、石麦 19 号较低，且石麦 19 号最低。花后氮素积累量运旱 20410、运旱 805 较高，且运旱 20410 最高；临 Y8159、石麦 19 号较低，且临 Y8159 最低。而花后氮素积累量对籽粒的贡献率临 Y8159、石麦 19 号较高，且石麦 19 号最高；运旱 20410、运旱 805 较低，且运旱 805 最低。

低产品种花前氮素运转量及其对籽粒的贡献率运旱 618、长麦 251 较高，且运旱 618 最高；长麦 6697、洛旱 11 较低，且花前氮素运转量洛旱 11 最低，而花前氮素运转量对籽粒的贡献率长麦 6697 最低。花后氮素积累量运旱 618、长麦 6697 较高，且运旱 618 较高；长麦 251、洛旱 11 较低，且洛旱 11 最低。花后氮素积累量对籽粒的贡献率长麦 251、长麦 6697 较高，且长麦 6697 最高；运旱 618、洛旱 11 较低，且运旱 618 最低。

第二节 旱地小麦蓄水保墒技术下播种方式对植株氮素吸收利用特性的影响

一、旱地小麦蓄水保墒技术下播种方式对各生育时期植株氮素积累的影响

由表5-5可看出，随生育进程的推移，旱地小麦植株氮素积累量呈逐渐增加的变化趋势。休闲期深翻后，膜际条播较常规条播提高了植株氮素的吸收量。随播量的增加，旱地小麦各生育时期植株氮素积累量先增加后降低。探墒沟播配播量105 kg/hm²、膜际条播配播量90 kg/hm²有利于小麦氮素的积累。

表5-5 休闲期深翻模式下不同播种方式配套播量对各生育时期植株氮素积累量的影响（kg/hm²）

播种方式	播量	氮素积累量				
		越冬期	拔节期	孕穗期	开花期	成熟期
探墒沟播	90	29.36c	43.82b	91.76b	99.43c	134.23c
	105	33.21a	56.71a	106.82a	122.59a	160.36a
	120	32.81b	49.91a	101.23a	109.63b	145.23b
膜际条播	60	27.52d	43.36c	78.55c	88.36d	112.36d
	75	28.66d	45.26bc	84.23bc	92.36c	127.36c
	90	31.66a	61.33a	103.26a	117.23a	154.36a
膜际条播	105	36.22b	57.23b	89.36b	107.82b	139.36b
	120	25.55c	51.22b	84.82b	93.22c	136.33b
常规条播	60	19.33c	40.23d	67.09d	77.09d	99.36d
	75	21.77b	41.36b	78.44b	89.32c	112.36c
	90	28.55a	48.66a	92.07a	98.36a	127.36a
	105	19.55a	47.26a	87.56a	94.36b	129.00a
	120	16.88bc	38.87c	61.00c	75.36d	119.36b

二、旱地小麦蓄水保墒技术下播种方式对成熟期植株各器官氮素积累的影响

由表5-6可见，休闲期深翻后，旱地小麦探墒沟播、膜际条播有利于小麦籽粒氮素的积累。随播量的增加，籽粒氮素积累量、籽粒氮素积累量占整株比例，呈先升高后降低的趋势。其中，探墒沟播配播量105 kg/hm²、膜际条播配播量105 kg/hm²有利于小麦氮素的积累，有利于籽粒氮素积累量占整株比例的提高，降低茎秆＋茎鞘氮素的积累量。

表5-6　休闲期深翻模式下播种方式配套播量对成熟期各器官氮素积累量的影响

播种方式	播量 (kg/hm²)	叶片氮素积累量 (kg/hm²)	茎秆＋茎鞘氮素积累量 (kg/hm²)	穗轴＋颖壳氮素积累量 (kg/hm²)	籽粒	
					氮素积累量 (kg/hm²)	占比 (%)
探墒沟播	90	2.14c	15.83a	2.03c	114.23c	85.10c
	105	3.06a	13.85c	3.09a	140.36a	87.53a
	120	2.85b	14.70b	2.45b	125.23b	86.23b
膜际条播	60	2.05e	16.06a	1.89d	92.36d	82.20e
	75	2.15d	15.77a	2.08c	107.36c	84.30d
	90	3.09a	14.02b	2.89a	134.36a	87.04a
膜际条播	105	2.36b	15.41a	2.23b	119.36b	85.65b
	120	2.63c	15.16a	2.21b	116.33b	85.33c
常规条播	60	2.06c	16.06a	1.88e	79.36d	79.87d
	75	2.36b	15.65b	1.99d	92.36c	82.20c
	90	2.39b	15.29b	2.32b	107.36a	84.30b
	105	2.48b	15.03b	2.49a	109.00a	84.50a
	120	2.89a	15.02b	2.09c	99.36b	83.24b

三、旱地小麦蓄水保墒技术下播种方式对植株氮素运转的影响

由表 5-7 可见，休闲期深翻后，旱地小麦探墒沟播和膜际条播较常规条播可显著提高花前氮素运转量和花后氮素积累量。随播量的增加，旱地小麦花前氮素运转量、花后氮素积累量先升高后降低。膜际条播配播量 90 kg/hm²，探墒沟播配 105 kg/hm²，可显著提高花前氮素运转量、花前氮素运转量占籽粒的比例，提高花后氮素积累量。可见，旱地小麦采用蓄水保墒措施后，膜际条播配播量 90 kg/hm²、探墒沟播配 105 kg/hm² 利于花前氮素运转。

表 5-7 休闲期深翻模式下不同播种方式配套播量对花前氮素运转和花后氮素积累的影响

播种方式	播量 （kg/hm²）	花前运转量 （kg/hm²）	花前运转量/籽粒 （%）	花后积累量 （kg/hm²）	花后积累量/籽粒 （%）
	90	90.33c	79.08c	23.90b	20.92a
探墒沟播	105	115.36a	81.59a	26.03a	18.41c
	120	101.22b	80.62b	24.33b	19.38b
	60	70.26d	76.90d	21.10e	23.10a
膜际条播	75	85.36c	79.32c	22.26d	20.68b
	90	110.36a	81.53a	25.00a	18.47d
膜际条播	105	95.55b	80.05b	23.81b	19.95c
	120	94.36b	80.40b	23.00c	19.60c
	60	62.35d	77.71d	17.88d	22.29a
	75	72.36c	78.35c	20.00b	21.65b
常规条播	90	89.47a	81.17a	20.75b	18.83d
	105	87.36a	79.88b	22.00a	20.12c
	120	81.23b	80.94a	19.13c	19.06d

第三节 旱地小麦蓄水保墒技术下氮肥对
植株氮素吸收利用特性的影响

一、旱地小麦蓄水保墒技术下氮肥对各生育时期植株氮素积累的影响

由表 5-8 可看出，休闲期深翻后，旱地小麦各生育时期氮素积累量提高，且越冬期 90 kg/hm²、180 kg/hm²、210 kg/hm² 条件下差异显著，拔节期 90 kg/hm² 与 180 kg/hm² 条件下差异显著，孕穗期 0 kg/hm²、90 kg/hm²、180 kg/hm²、210 kg/hm² 条件下差异显著，开花期 90 kg/hm² 与 150 kg/hm² 条件下差异显著，成熟期 90 kg/hm²、180 kg/hm²、210 kg/hm² 条件下差异显著。

表 5-8 休闲期深翻配施氮肥对各生育时期植株氮素积累量的影响（kg/hm²）

耕作方式	施氮量	氮素积累量				
		越冬期	拔节期	孕穗期	开花期	成熟期
深翻模式	0	21.61e	38.26d	106.13e	116.45e	141.80e
	90	27.35d	47.04c	121.19d	124.74d	153.76d
深翻模式	120	31.15c	51.91b	138.54c	134.61c	164.65c
	150	34.87b	57.66a	146.51b	148.21b	186.16b
	180	41.93a	60.88a	162.85a	159.44a	199.10a
	210	30.64c	52.79b	144.77bc	136.29c	169.53c
免耕模式	0	20.23e	35.96d	93.48e	111.79c	136.88d
	90	25.72d	39.82c	110.24d	112.88c	141.60d
	120	28.37c	50.85b	132.24c	133.29b	157.81c
	150	32.09b	55.21a	142.36ab	138.72b	166.12b
	180	35.17a	57.63a	146.24a	156.33a	185.31a
	210	28.20c	51.18b	137.16bc	135.73b	161.21bc

休闲期深翻条件下，随施氮量增加，各生育时期氮素积累量呈先升后降的趋势，180 kg/hm² 处理达到最大值，越冬期、孕穗期、开花期、成熟期 180 kg/hm² 处理氮素积累量显著高于其他处理。休闲期免耕条件下，随施氮量的增加，各生育时期氮素积累量呈先升后降的趋势，180 kg/hm² 处理达到最大值，且越冬期、开花期、成熟期 180 kg/hm² 处理显著高于其他处理。可见，旱地小麦在一定范围内增加施氮量有利于氮素吸收，且休闲期深翻条件下施氮量为 180 kg/hm² 效果最佳。

二、旱地小麦蓄水保墒技术下氮肥对各生育阶段氮素积累的影响

由表 5-9 可见，休闲期深翻后，出苗—拔节、拔节—开花、开花—成熟各阶段氮素积累量均提高，且出苗—拔节 90 kg/hm²、150 kg/hm²、180 kg/hm² 条件下差异显著，拔节—开花 150 kg/hm² 条件下差异显著，开花—成熟 120～210 kg/hm² 条件下差异显著；出苗—拔节氮素积累对成熟期贡献比例 0 kg/hm²、90 kg/hm² 条件下提高，且 90 kg/hm² 条件下差异显著，拔节—开花氮素积累对成熟期贡献比例 0 kg/hm² 条件下提高，开花—成熟氮素积累对成熟期贡献比例在 120～210 kg/hm² 条件下提高，且差异显著。

休闲期深翻条件下，随施氮量的增加，各生育阶段氮素积累量呈先增后降的趋势，均在 180 kg/hm² 条件下达到最大，且拔节—开花 180 kg/hm² 处理显著高于其他处理。休闲期免耕条件下，随施氮量的增加，出苗—拔节氮素积累量呈先增加后降低的趋势，拔节—开花呈先降后增又降的趋势，开花—成熟氮素积累量呈先增后降又增又降的趋势，且均 180 kg/hm² 条件下达到最大值，拔节—开花的氮素积累量 180 kg/hm² 处理显著高于其他处理。可见，在一定范围内，随施氮量增加，各生育阶段氮素积累量随施氮量增加而增加，且休闲期深翻条件下施氮量 180 kg/hm² 时达到最大。

表 5-9　休闲期深翻配施氮肥对各生育阶段氮素积累及对成熟期贡献的影响

类型	品种	出苗—拔节		拔节—开花		开花—成熟	
		氮素积累量 (kg/hm²)	比例 (%)	氮素积累量 (kg/hm²)	比例 (%)	氮素积累量 (kg/hm²)	比例 (%)
深翻模式	0	38.26d	26.77b	79.31c	55.49a	25.36d	17.74c
	90	47.04c	30.54a	77.98c	50.62ab	29.02c	18.84abc
	120	51.91b	31.31a	83.84c	50.57ab	30.04bc	18.12bc
	150	57.66a	30.74a	91.99b	49.03b	37.96a	20.23a
	180	60.88a	30.47a	99.31a	49.69b	39.66a	19.84ab
	210	52.79b	31.29a	82.66c	49.00b	33.24b	19.71abc
免耕模式	0	35.96d	26.18d	76.30cd	55.55a	25.09b	18.27b
	90	39.82c	28.22c	72.57d	51.43a	28.72a	20.35a
	120	50.85b	32.35ab	81.80bc	52.04a	24.53b	15.60c
	150	55.21a	32.28a	85.30b	50.80a	27.41ab	16.51bc
	180	57.63a	31.12b	98.56a	53.23a	28.98a	15.64c
	210	51.18b	31.88ab	83.90b	52.23a	25.48b	15.80c

三、旱地小麦蓄水保墒技术下氮肥对成熟期植株各器官氮素积累的影响

由表 5-10 可见，休闲期深翻较免耕，成熟期叶片施氮量 0 kg/hm²、150 kg/hm²、180 kg/hm²、210 kg/hm² 条件下氮素积累量提高，茎秆＋茎鞘在 0 kg/hm²、210 kg/hm² 条件下氮素积累量提高，穗轴＋颖壳在 90 kg/hm²、120 kg/hm²、150 kg/hm² 条件下氮素积累量提高，籽粒和整株氮素积累量均提高。

表 5-10 休闲期深翻配施氮肥对成熟期各器官氮素积累的影响（kg/hm²）

耕作方式	施氮量	氮素积累量				
		叶片	茎秆＋茎鞘	穗轴＋颖壳	籽粒	整株
深翻模式	0	3.59d	12.99bc	5.94c	122.41d	141.79e
	90	3.86cd	12.66c	8.55b	131.27c	153.76d
	120	4.63bc	12.37c	10.06a	134.14c	164.65c
	150	7.51a	14.23b	8.27b	147.86b	186.16b
	180	7.42a	17.32a	6.04c	154.44a	199.10a
	210	5.39b	13.59bc	6.66c	133.58c	169.53c
免耕模式	0	3.28d	12.32de	6.63b	108.79e	136.88d
	90	4.54bc	12.74cd	4.81c	123.66d	141.60d
	120	6.27a	13.91c	4.70c	125.27d	157.81c
	150	4.77b	16.82b	7.49a	134.46b	166.11b
	180	6.72a	19.03a	6.29b	139.19a	185.31a
	210	3.81cd	11.12e	8.23a	127.36c	161.21bc

休闲期深翻条件下，随着施氮量的增加，叶片氮素积累量呈现增加后降低的趋势，150 kg/hm² 时达到最大值；茎秆＋茎鞘氮素积累量呈 N_{180}＞N_{150}、N_{210}、N_0、N_{90}、N_{120}，且在施氮量为 180 kg/hm² 时显著高于其他处理；穗轴＋颖壳为 N_{120}＞N_{90}（N_{150}）＞N_{210}（N_{180}、N_0），且 120 kg/hm² 处理显著高于其他处理；籽粒和整株氮素积累量呈先增加后降低的趋势，且 180 kg/hm² 处理显著高于其他处理。休闲期免耕条件下，随着施氮量的增加，叶片氮素积累量 N_{180}（N_{120}）＞N_{150}（N_{90}）＞N_0（N_{210}），且 180 kg/hm² 条件下达到最大；茎秆＋茎鞘氮素积累量呈先增加后降低的趋势，180 kg/hm² 条件下显著最高；穗轴＋颖壳氮素积累量为 N_{210}（N_{150}）＞N_0（N_{180}）＞N_{120}（N_{90}），210 kg/hm² 条件下达到最大；籽粒和整株氮素积累量呈先增加后降低的趋势，且施氮量为 180 kg/hm² 条件下氮素积累量显著高于其

他处理。可见，在一定范围内，成熟期各器官氮素积累量随施氮量的增加而增加，且籽粒和整株干物质含氮量在施氮量为 180 kg/hm² 时显著高于其他处理，且休闲期深翻效果更佳。

四、旱地小麦蓄水保墒技术下氮肥对植株氮素运转的影响

由表 5-11 可见，休闲期深翻较免耕后，0～180 kg/hm² 条件下花前氮素积累量提高，且 0 kg/hm²、90 kg/hm²、180 kg/hm² 差异显著，0 kg/hm²、90 kg/hm² 条件下花前氮素积累量占籽粒的比例提高；0～210 kg/hm² 条件下花后氮素积累量提高，且 120～210 kg/hm² 条件下差异显著，120～210 kg/hm² 条件下花后氮素积累占籽粒的比例显著提高。

表 5-11 休闲期深翻配施氮肥对花前氮素运转和花后氮素积累的影响

耕作方式	施氮量 (kg/hm²)	花前氮素 积累量 (kg/hm²)	花前氮素 积累量/籽粒 (%)	花后氮素 积累量 (kg/hm²)	花后氮素 积累量/籽粒 (%)
深翻模式	0	93.76c	78.71a	25.36d	21.29b
	90	102.25b	77.90a	29.02c	22.10b
	120	104.10b	77.61a	30.04bc	22.39b
	150	109.90a	74.33b	37.96a	25.67a
	180	114.79a	74.31b	39.66a	25.69a
	210	100.34b	75.11b	33.24b	24.89a
免耕	0	86.71d	77.56bc	25.09b	22.44ab
	90	94.94c	76.77c	28.72a	23.23a
	120	100.74b	80.42a	24.53b	19.58c
	150	107.05a	79.62ab	27.41ab	20.38bc
	180	110.21a	79.18abc	28.98a	20.82abc
	210	101.88b	80.00a	25.48b	20.00c

休闲期深翻条件下，随着施氮量的增加，花前氮素积累量呈先升后降的趋势，且 180 kg/hm² 处理高于其他处理；花前氮素积累量对籽粒的贡献率呈先降后升的趋势，0 kg/hm² 处理达最大值；花后氮素积累量呈先升后降的趋势，180 kg/hm² 处理达到最大值；花后氮素积累量对籽粒的贡献率呈先升后降的趋势，180 kg/hm² 处理达到最大值。休闲期免耕条件下，随着施氮量的增加，花前氮素积累量呈先增加后降低的趋势，180 kg/hm² 处理达到最大值；花前氮素积累量对籽粒的贡献率由大到小依次为 N_{120}、N_{210}、N_{150}、N_{180}、N_0、N_{90}，120 kg/hm² 处理达到最大值；花后氮素积累量对籽粒的贡献率由大到小依次为 N_{90}、N_0、N_{180}、N_{150}、N_{210}、N_{120}，90 kg/hm² 处理达到最大值。可见，在一定范围内，增加施氮量有利于花前花后氮素的积累，且休闲期深翻条件下施氮量为 180 kg/hm² 效果最好。

第四节　旱地小麦蓄水保墒技术下磷肥对植株氮素吸收利用特性的影响

一、旱地小麦蓄水保墒技术下磷肥对各生育时期植株氮素积累的影响

休闲期深翻较免耕，旱地小麦各生育时期植株氮素积累量显著提高（除施磷量 375 kg/hm² 条件下越冬期及 300 kg/hm²、375 kg/hm² 条件下孕穗期植株氮素积累量）（表 5-12）。随施磷量的增加，各生育时期植株氮素积累量呈先升高后降低的单峰曲线变化，施磷量 150 kg/hm² 最高，225 kg/hm² 次之；深翻下，越冬期至孕穗期施磷量 375 kg/hm² 最低，开花期至成熟期 0 kg/hm² 最低。可见，休闲期深翻有利于植株氮素累积，且配施磷肥 150 kg/hm² 效果显著，尤其有利于开花期至成熟期氮素吸收。

表 5-12　休闲期耕作配施磷肥对各生育时期植株氮素积累的影响（kg/hm²）

耕作方式	施磷量	氮素积累量				
		越冬期	拔节期	孕穗期	开花期	成熟期
深翻模式	0	25.37c	51.79d	103.40d	116.20fg	138.28fg
	75	31.06b	58.33c	130.46b	132.44d	158.62d
	150	42.58a	72.70a	153.45a	162.88a	200.29a
	225	33.12b	62.14b	136.36b	152.15b	183.92b
	300	25.11c	53.90d	109.10d	138.22c	168.09c
	375	20.84d	42.03f	91.79e	117.18f	140.24f
免耕模式	0	20.45d	45.55e	86.97e	104.06h	123.36h
	75	24.43c	52.48d	109.41d	113.47g	134.77g
	150	31.60b	63.52b	129.19b	137.22c	170.44c
	225	24.93c	54.25d	118.17c	127.90e	152.27e
	300	20.61d	46.64e	105.55d	116.88f	139.83fg
	375	19.84d	39.03g	84.69e	97.82i	118.80h

二、旱地小麦蓄水保墒技术下磷肥对各生育阶段氮素积累的影响

随生育进程的推移，小麦植株氮素吸收速率先升高后降低，在拔节—孕穗阶段达到峰值（图 5-1）。休闲期深翻较免耕，播种—越冬阶段氮素吸收速率显著提高（除施磷量 375 kg/hm² 条件下）；越冬—拔节阶段氮素吸收速率施磷量 0 kg/hm²、300 kg/hm²、375 kg/hm² 条件下提高，且 300 kg/hm² 条件下两处理间差异显著，施磷量 150 kg/hm² 条件下降低；拔节—孕穗阶段氮素吸收 0 kg/hm²、75 kg/hm²、150 kg/hm²、225 kg/hm²、375 kg/hm² 条件下提高，且施磷量 0 kg/hm²、75 kg/hm²、150 kg/hm²、225 kg/hm² 条件下两处理间差异显著，300 kg/hm² 条件下降低；孕穗—开花阶段氮素吸收速率施磷量 0 kg/hm² 条件下显著降低，75 kg/hm² 条件下降低，150 kg/hm² 条件下提高，225 kg/hm²、300 kg/hm²、375 kg/hm² 条件下显著提高；开花—成熟阶段氮素吸收速率提高，且 225 kg/hm²、300 kg/hm² 条件下两处理间差异显著。

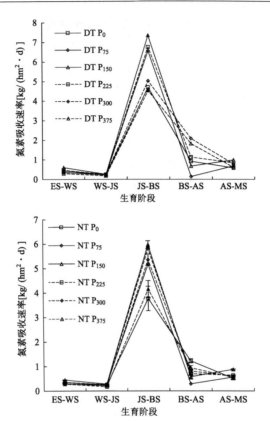

图 5-1　休闲期耕作配施磷肥对各生育阶段氮素吸收速率的影响

注：ES-WS 为播种—越冬；WS-JS 为越冬—拔节；JS-BS 为拔节—孕穗；BS-AS 为孕穗—开花；AS-MS 为开花—成熟。

随施磷量增加，播种—孕穗、开花—成熟各阶段氮素吸收速率均呈先升高后降低的单峰曲线变化，施磷量 150 kg/hm² 最高且播种—越冬、开花—成熟阶段氮素吸收速率与其他处理间差异显著，225 kg/hm² 次之，播种—拔节各阶段氮素吸收速率 375 kg/hm² 最低（除免耕下播种—越冬阶段氮素吸收速率），拔节—孕穗阶段氮素吸收速率深翻下 375 kg/hm² 最低，免耕下 0 kg/hm² 最低。孕穗—开花阶段氮素吸收速率深翻下施磷量 300 kg/hm² 最高，免耕下以 0 kg/hm² 最高。可见，休闲期深翻有利于提高播种—越冬、开花—成熟两阶段氮素吸收速率，且配施磷肥 150 kg/hm² 效果显著，尤其有利于越冬—孕穗阶段氮素吸收速率提高。

三、旱地小麦蓄水保墒技术下磷肥对成熟期植株各器官氮素积累的影响

成熟期各器官氮素积累量以籽粒最高，占整株比例达 81.37%～86.15%，茎秆＋茎鞘次之（表 5-13）。休闲期深翻较免耕后，叶片氮素积累量施磷量 0 kg/hm²、75 kg/hm² 条件下提高，150 kg/hm²、225 kg/hm²、300 kg/hm²、375 kg/hm² 条件下降低；茎秆＋茎鞘氮素积累量提高，且 0 kg/hm²、150 kg/hm²、225 kg/hm²、375 kg/hm² 条件下差异显著；穗轴＋颖壳氮素积累量提高，且 0 kg/hm²、375 kg/hm² 条件下差异显著；籽粒氮素积累量显著提高，籽粒氮素积累量占整株的比例 75 kg/hm²、225 kg/hm²、300 kg/hm² 条件下提高，0 kg/hm²、150 kg/hm²、375 kg/hm² 条件下降低。

表 5-13　休闲期耕作配施磷肥对成熟期植株各器官氮素积累的影响

耕作方式	施磷量 (kg/hm²)	叶片 氮素积累量 (kg/hm²)	茎秆＋茎鞘 氮素积累量 (kg/hm²)	穗轴＋颖壳 氮素积累量 (kg/hm²)	籽粒 氮素积累量 (kg/hm²)	籽粒 占整株比例 (%)
深翻模式	0	3.53ab	17.45cd	4.79abc	112.51g	81.37c
	75	4.16a	18.59c	4.25bcd	131.62d	82.98abc
	150	3.17b	26.75a	3.63de	166.74a	83.25abc
深翻模式	225	3.44ab	21.93b	5.36a	153.20b	83.30abc
	300	3.06b	15.02de	5.20a	144.81c	86.15a
	375	3.31b	12.80e	4.96ab	119.17f	84.98ab
免耕模式	0	3.51ab	12.52ef	3.00e	104.34h	84.58abc
	75	3.49ab	17.06cd	4.00cd	110.22g	81.78bc
	150	3.23b	20.09bc	2.83e	144.29c	84.66abc
	225	3.49ab	17.78cd	4.92abc	126.07e	82.80abc
	300	3.61ab	13.03e	4.64abc	118.54f	84.78ab
	375	3.33b	9.61f	3.58de	102.28h	86.10a

随施磷量增加，叶片氮素积累量，深翻下 75 kg/hm² 处理最高、300 kg/hm² 处理最低，免耕下 300 kg/hm² 处理最高、150 kg/hm² 处理最低；茎秆＋茎鞘、籽粒氮素积累量呈先升高后降低的单峰曲线变化，150 kg/hm² 处理最高（除免耕下茎秆＋茎鞘氮素积累量）、225 kg/hm² 处理次之，茎秆＋茎鞘氮素积累量375 kg/hm² 处理最低，籽粒氮素积累量深翻下 0 kg/hm² 处理最低，且各处理间差异显著，免耕下 375 kg/hm² 处理最低；穗轴＋颖壳氮素积累量 150 kg/hm² 处理最低；籽粒氮素积累量占整株的比例深翻条件下先升高后降低，300 kg/hm² 处理最高。可见，休闲期深翻有利于籽粒氮素积累量提高，且配施磷肥150 kg/hm²效果显著，尤其有利于成熟期穗轴＋颖壳氮素向籽粒的转移。

四、旱地小麦蓄水保墒技术下磷肥对植株氮素运转的影响

休闲期深翻较免耕，花前氮素运转量显著提高；花前氮素运转对籽粒的贡献率施磷量 150 kg/hm²、375 kg/hm² 条件下提高，0 kg/hm²、75 kg/hm²、225 kg/hm²、300 kg/hm² 条件下降低；花后氮素积累量提高，且225 kg/hm²、300 kg/hm² 条件下差异显著；花后氮素积累量对籽粒的贡献率 0 kg/hm²、75 kg/hm²、225 kg/hm²、300 kg/hm² 条件下提高，150 kg/hm²、375 kg/hm² 条件下降低（表5-14）。随施磷量增加，花前氮素运转量、花后氮素积累量、深翻模式下花后氮素积累量对籽粒的贡献率呈先升高后降低的单峰曲线变化，施磷量 150 kg/hm² 处理最高（除花后氮素积累量对籽粒的贡献率）、225 kg/hm² 处理次之，深翻下 0 kg/hm² 处理最低（除花后氮素积累量对籽粒的贡献率），且花前氮素运转量各处理间差异显著；深翻下花前氮素运转对籽粒的贡献率呈先降低后升高趋势，施磷量 150 kg/hm² 处理最低、375 kg/hm² 处理最高。可见，休闲期深翻有利于花前氮素运转和花后氮素积累，且配施磷肥150 kg/hm²效果显著。

表 5-14　休闲期耕作配施磷肥对植株花前氮素运转和花后氮素积累的影响

耕作方式	施磷量 (kg/hm²)	花前氮素 运转量 (kg/hm²)	花前氮素 运转对籽粒 的贡献率 (%)	花后氮素 积累量 (kg/hm²)	花后氮素 积累对籽粒的 贡献率 (%)
深翻模式	0	90.44h	80.38a	22.07de	19.62ab
	75	105.43e	80.11a	26.18cd	19.89ab
	150	129.33a	77.56b	37.41a	22.44ab
	225	121.43b	79.26ab	31.77b	20.74ab
	300	114.94c	79.37ab	29.87bc	20.63ab
	375	96.11g	80.65a	23.06de	19.35ab
免耕模式	0	85.04i	81.50a	19.30e	18.50b
	75	88.92h	80.68a	21.30de	19.32ab
	150	111.08d	76.98b	33.22ab	23.02a
	225	101.71f	80.67a	24.37de	19.33ab
	300	95.59g	80.64a	22.95de	19.36ab
	375	81.31j	79.49ab	20.97de	20.51ab

第五节　旱地小麦蓄水保墒技术下氮磷配施
对植株氮素吸收利用特性的影响

一、旱地小麦蓄水保墒技术下氮磷配施对各生育时期植株氮素积累的影响

　　随生育进程的推移，植株氮素积累量逐渐增多，成熟期达到最大（表 5-15）。增加施氮量，各生育时期植株氮素积累量增加，且除 1∶0.5 条件下拔节期外各处理差异显著。施氮量为 150 kg/hm² 时，增加施磷量，各生育时期植株氮素积累量增多，越冬期、孕穗期和开花期各处理间差异显著，成熟期氮磷比 1∶1 条件下氮素积累量显著最大；施氮量为 180 kg/hm² 时，增加施磷量，各生育时期植株氮素积累量先增后降，各生育时期各处理间差异显著。可见，休闲期采用深翻耕作，施氮肥 180 kg/hm² 氮磷比 1∶0.75 条

件下，各生育时期植株氮素积累量显著最高。

表 5-15　休闲期深翻配施氮磷肥对各生育时期植株氮素积累量的影响

施氮量 (kg/hm²)	氮磷比	氮素积累量（kg/hm²）				
		越冬期	拔节期	孕穗期	开花期	成熟期
150	1：0.5	20.85e	48.23d	104.91e	118.87f	145.52d
	1：0.75	23.98d	54.03c	119.77d	129.96e	153.62d
	1：1	27.29c	54.07c	137.45c	146.48c	170.39c
180	1：0.5	24.24d	50.88d	119.89d	137.40d	166.73c
	1：0.75	40.59a	72.45a	158.64a	165.15a	201.79a
	1：1	32.85b	67.14b	143.26b	152.51b	181.01b

二、旱地小麦蓄水保墒技术下氮磷配施对各生育阶段氮素积累的影响

小麦植株拔节—开花阶段氮素积累量及其所占比例最大（表 5-16）。增加施氮量，各生育阶段氮素积累量增加，且拔节—开花阶段各处理间差异显著。施氮量为 150 kg/hm² 时，增加施磷量，出苗—拔节阶段氮素积累量及其所占比例均先增后降，拔节—开花阶段氮素积累量逐渐增加，其所占比例先增后降，开花—成熟阶段氮

表 5-16　休闲期深翻配施氮磷肥对各生育阶段氮素积累量的影响

施氮量 (kg/hm²)	氮磷比	出苗—拔节		拔节—开花		开花—成熟	
		氮素积累量 (kg/hm²)	比例 (%)	氮素积累量 (kg/hm²)	比例 (%)	氮素积累量 (kg/hm²)	比例 (%)
150	1：0.5	48.23d	33.84b	70.64c	49.56bc	23.67b	16.60ab
	1：0.75	54.07c	35.14a	75.89c	49.32bc	23.91b	15.54bc
	1：1	54.03c	32.53b	85.37b	51.41c	26.65b	16.05c
180	1：0.5	50.88cd	30.52c	86.52ab	51.89ab	29.33b	17.59ab
	1：0.75	72.45a	35.90a	92.71a	45.94c	36.64a	18.16a
	1：1	67.14b	30.88c	92.45a	52.83a	28.51b	16.29ab

素积累量逐渐增加，其所占比例先减后增；施氮量为 180 kg/hm² 时，增加施磷量，出苗—拔节阶段氮素积累量先增后降，其所占比例逐渐增加，拔节—开花阶段先增后降，其所占比例先减后增，开花—成熟阶段氮素积累量及其所占比例均先增后降。

三、旱地小麦蓄水保墒技术下氮磷配施对成熟期植株各器官氮素积累的影响

成熟期氮素主要积累在籽粒中，残余氮素在叶片、茎秆＋茎鞘、穗轴＋颖壳中（表 5-17）。增加施氮量，叶片中氮素积累量降低且差异显著，茎秆＋茎鞘中氮素积累量在氮磷比 1∶0.5 条件下显著增多，穗轴＋颖壳中氮素积累量在氮磷比 1∶0.5、1∶0.75 条件下显著增多，籽粒中氮素积累量显著增加。

表 5-17　休闲期深翻配施氮磷肥对成熟期植株各器官段氮素积累量的影响

施氮量 (kg/hm²)	氮磷比	氮素积累量 （kg/hm²）			
		叶片	茎秆＋茎鞘	穗轴＋颖壳	籽粒
150	1∶0.5	4.47a	16.92b	3.10c	121.03e
	1∶0.75	3.29b	15.63c	4.48b	130.22d
	1∶1	2.86c	15.62c	6.05a	146.94c
180	1∶0.5	3.18b	18.03a	4.66b	140.86c
	1∶0.75	2.24e	14.82d	5.85a	178.88a
	1∶1	2.64d	15.08cd	5.73a	156.49b

施氮量为 150 kg/hm² 时，增加施磷量，叶片和茎秆＋茎鞘中氮素积累量逐渐降低，穗轴＋颖壳和籽粒中氮素积累量逐渐增多，且叶片、穗轴＋颖壳和籽粒中各处理间差异显著；施氮量为 180 kg/hm² 时，增加施磷量，叶片和茎秆＋茎鞘中氮素积累量先降后增，叶片各处理间差异显著，穗轴＋颖壳和籽粒中氮素积累量先增后降，籽粒各处理间差异显著。可见，休闲期采用深翻耕作，施氮肥 180 kg/hm²、氮磷比 1∶0.75 条件下，成熟期籽粒中氮素积累量显著最高。

四、旱地小麦蓄水保墒技术下氮磷配施对植株氮素运转的影响

增加施氮量，花前氮素运转量增加，其对籽粒的贡献率在氮磷比 1∶0.5 条件下增加，其他条件下降低；花后氮素积累量增加，其对籽粒的贡献率在氮磷比 1∶0.5 条件下降低，其他条件下增加（表 5-18）。施氮量为 150 kg/hm² 时，增加施磷量，花前氮素运转量及其对籽粒的贡献率逐渐增加，花后氮素积累量及其对籽粒的贡献率逐渐降低，花前氮素运转量各处理间差异显著；施氮量为 180 kg/hm² 时，增加施磷量，花前氮素运转量先增后降，其对籽粒的贡献率逐渐增加，花后氮素积累量先增后降，其对籽粒的贡献率逐渐降低，花前氮素运转量各处理间差异显著。

表 5-18 休闲期深翻配施氮磷肥对花前氮素运转和花后氮素积累的影响

施氮量 (kg/hm²)	氮磷比	花前氮素运转 (kg/hm²)	花前运转/籽粒 (%)	花后氮素积累 (kg/hm²)	花后积累/籽粒 (%)
150	1∶0.5	94.38d	77.98b	26.65b	22.02a
	1∶0.75	106.55c	81.83ab	23.67b	18.17ab
	1∶1	123.03b	83.73a	23.91b	16.27b
180	1∶0.5	111.52c	79.17b	29.33ab	20.83ab
	1∶0.75	142.24a	79.52b	36.64a	20.48ab
	1∶1	127.98b	81.78ab	28.51ab	18.22ab

第六节 结 论

（1）旱地小麦休闲期深翻后，高产品种拔节—开花、开花—成熟氮素积累量及其所占比例，花前氮素运转量及其对籽粒的贡献率均以运旱 20410、运旱 805 为较高，从而籽粒氮素积累量增加。

（2）旱地小麦休闲期深翻后，探墒沟播配播量 105 kg/hm²、膜际条播配播量 105 kg/hm² 有利于小麦氮素的积累，有利于籽粒

氮素积累量占整株比例的提高，降低茎秆＋茎鞘氮素的积累量，促进花前运转。

（3）旱地小麦休闲期采用深翻蓄水保墒后，播前在一定范围内增加施氮量，有利于氮素吸收、运转，且施氮量 180 kg/hm² 效果最佳。

（4）旱地小麦休闲期深翻后，播前配施磷肥 150 kg/hm²，有利于植株氮素累积，提高播种—越冬、开花—成熟两阶段氮素吸收速率，尤其有利于开花—成熟氮素吸收，利于颖壳＋穗轴氮素向籽粒运转，最终增加籽粒氮素积累量。

主要参考文献

陈远学，周涛，王科，等，2014. 施磷对麦/玉/豆套作体系氮素利用效率及土壤硝态氮含量的影响 [J]. 水土保持学报，28（3）：191-196＋208.

李强，王朝辉，李富翠，等，2014. 氮肥管理与地膜覆盖对旱地冬小麦产量和氮素利用效率的影响 [J]. 作物学报，40（1）：93-100.

孙慧敏，于振文，颜红，等，2006. 施磷量对小麦品质和产量及氮素利用的影响 [J]. 麦类作物学报，26（2）：135-138.

田纪春，张忠义，梁作勤，1994. 高蛋白和低蛋白小麦品种的氮素吸收和运转分配差异的研究 [J]. 作物学报，20（1）：76-83.

王帅，孙敏，高志强，等，2015. 旱地小麦休闲期覆盖保水与磷肥对植株氮素吸收、利用的影响 [J]. 水土保持学报，29（3）：231-236.

徐恒永，赵振东，刘建军，等，2002. 群体调控与氮肥运筹对强筋小麦济南 17 号产量和品质的影响 [J]. 麦类作物学报，22（1）：56-62.

周顺利，张福锁，王兴仁，等，2000. 高产条件下不同品种冬小麦氮素吸收与利用特性的比较研究 [J]. 土壤肥料（6）：20-24.

GAJU O, ALLARD V, MARTRE P, et al., 2011. Identification of traits to improve the nitrogen-use efficiency of wheat genotypes [J]. Field Crops Research, 123（2）：139-152.

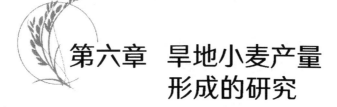

第六章　旱地小麦产量形成的研究

　　小麦产量三要素穗数、穗粒数、千粒重，是直接影响旱地小麦总产量的重要关键因素，三者需相互协调作用。崔贤（2005）研究表明，采用沟播种植，可提高土壤热通量，减少热量散耗，协调了麦田的昼夜温差，创造了利于小麦生长发育的水、肥、热条件，进而积累干物质量，在生长期提高用水效率是一种高产高效的蓄水和保墒措施。开沟可以保证幼苗的均匀性，促进生长早期分蘖数增加，增加株高，显著提高单位面积有效穗数，这与常规条播相比更有效（黄峰等，2002）。探墒沟播，有利于延长功能性绿叶面积的持续时间，促进灌浆阶段小麦穗粒重增加，增加有效穗数和穗粒重，较常规条播两年度分别增产53％和49％（刘小丽等，2018）。沟播产量三要素比较协调，光合产物向籽粒运转率比传统播种高，实现增产，增幅达8.4％（岳俊芹等，2006）。沟播较常规播种提高穗数4.5％～12.0％，增产4.6％～8.0％（薛远赛等，2016；罗宏博等，2016）。

　　适宜的播量可以对小麦生长过程中的群体分蘖进行有效调控，合理地构建群体空间结构，可以对农田土壤中的水分和养分进行充分的利用，从而促进经济产量的提高（杨珍平等，2004；席晋飞等，2012）。研究表明，在提高播量的同时，适当减小小麦种植行间距，有利于促进小麦籽粒产量的提高（Shao et al.，2016）。在105万～525万株/hm² 的基本苗范围内，小麦籽粒产量随播量的增加呈现先升高后降低的变化趋势（朱翠林等，2010；Stephen et al.，2005）。崔丽娜等（2015）研究表明，在61.2万～183.7万株/hm² 的基本苗范围内，增加播量会促进各生育时期的群体分蘖数，对穗粒数和千粒重无显著影响，且在高播量条件下成熟期小麦穗数最高；

当播量过高时，继续增加播量，由于不能合理地构建群体空间，从而导致无效分蘖增加，有效分蘖降低，减少成穗率，进而导致产量有所降低。

施氮量可以对小麦的群体数量、分蘖成穗率和穗部的发育进行调控，进而影响小麦的籽粒产量（He et al.，2009；金玉红等，2009）。当冬小麦的土壤环境中的氮含量处于较低水平时，适当增加施氮量，会发现小麦产量也随之相应提高，但并不成正比；且当施氮量增加到某个特定值时再增加施氮量，会发现产量增加的速率变慢且产量渐趋最大值；当产量达到最大值后，如果还要继续增加施氮量，会发现产量反而会降低。产量和施氮量的关系呈现明显的二次函数曲线关系分布，随着施氮量的逐级递增，产量表现为倒 V 形先升后降的变化趋势（蔡瑞国等，2006；曹承富等，2005；王桂良等，2010）。随施氮量的增加，小麦的穗数和穗粒数均相应地随之显著提高（王芳等，2010；张定一等，2007）。前人研究表明穗粒数与穗分配比例的相关性较高，增加氮肥施用量后，小麦籽粒产量相应增加，其主要原因是施氮量增加使得穗数和穗粒数得到显著提高（Arduini et al.，2006；Osaki et al.，1993）。

因水施磷有利于实现节水增产，但施磷过多小麦产量降低（王荣辉等，2011）。曾广伟等（2009）研究表明，在水分轻度胁迫的条件下，施磷量为 150 kg/hm² 有利于减轻水分胁迫的影响，改善水分状况，促进开花后干物质同化物运转到籽粒中，实现节水增产。王同朝等（2000）、Mahler 等（1994）研究表明，在一定阈值，增施磷肥旱地小麦的产量和水分利用效率显著提高。Grant 等（2001）研究表明，苗期供磷状况对作物产量起关键作用，缺磷限制作物生长，产量降低，其影响大于其他生育阶段缺磷所造成的影响。姜宗庆等（2006）研究表明，施磷量为 108 kg/hm² 有利于促进植株分蘖，形成较多穗数，开花后植株干物质积累量提高，产量最高。

因此，本文围绕旱地小麦蓄水保墒措施下，不同品种的产量形成差异及不同栽培措施播种方式、播量、氮肥、磷肥等对产量形成的影响，明确旱地小麦高产的适宜播种和施肥措施，揭示产量形成的机理，从而为旱地小麦高产栽培提供理论基础和技术支撑。

第一节 不同旱地小麦品种产量形成的差异

一、不同旱地小麦品种花后籽粒千粒重动态变化的差异

由图 6-1 可看出，随灌浆进程的推移，不同品种小麦籽粒千粒重表现为 S 形曲线的变化趋势，且在成熟期达到最高。

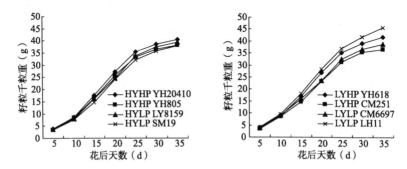

图 6-1　不同品种籽粒千粒重动态变化的差异

高产品种花后 5 d、25～35 d 籽粒千粒重运旱 20410、临 Y8159 较高，且与运旱 805、石麦 19 号差异显著，其中运旱 20410 最高；运旱 805、石麦 19 号较低，且在花后 25～35 d 石麦 19 号最低。而花后 10～20 d 籽粒千粒重运旱 20410、运旱 805 较高，且运旱 20410 最高；临 Y8159、石麦 19 号较低，且石麦 19 号最低。可见，高产品种花后籽粒千粒重运旱 20410 最高。

低产品种花后 15～35 d 籽粒千粒重运旱 618、洛旱 11 较高，且洛旱 11 最高；长麦 251、长麦 6697 较低，且长麦 251 最低。而花后 5～10 d 籽粒千粒重长麦 6697、洛旱 11 较高，且洛旱 11 最高；运旱 618、长麦 251 较低，且长麦 251 最低。可见，低产品种花后籽粒千粒重洛旱 11 最高。

二、不同旱地小麦品种花后籽粒灌浆速率动态变化的差异

由图 6-2 可看出，随灌浆进程的推移，不同品种小麦籽粒灌浆速率表现为单峰曲线的变化趋势，且在花后 15～20 d 出现峰值。

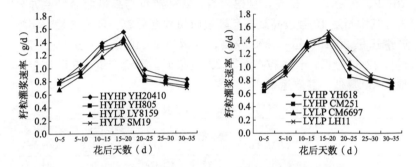

图 6-2　不同品种籽粒灌浆速率动态变化的差异

高产品种花后 0～5 d 籽粒灌浆速率石麦 19 号最高，临 Y8159 最低；花后 5～10 d、10～15 d 籽粒灌浆速率运旱 20410 最高，临 Y8159 最低。花后 15～20 d、20～25 d、25～30 d、30～35 d 籽粒灌浆速率运旱 20410、临 Y8159 较高，且在花后 15～20 d、20～25 d、25～30 d 与运旱 805、石麦 19 号差异显著，其中运旱 20410 最高；运旱 805、石麦 19 号较低，且花后 15～20 d、25～30 d、30～35 d 石麦 19 号最低，花后 20～25 d 运旱 805 最低。可见，高产品种花后籽粒灌浆速率运旱 20410 最高。

低产品种花后 0～5 d、5～10 d、10～15 d 籽粒灌浆速率运旱 618、长麦 6697 较高，且花后 0～5 d、5～10 d 运旱 618 最高，花后 10～15 d 长麦 6697 最高；长麦 251、洛旱 11 较低，且花后 0～5 d 长麦 251 最低，花后 5～10 d、10～15 d 洛旱 11 最低。花后 15～20 d、20～25 d、25～30 d 籽粒灌浆速率长麦 6697、洛旱 11 较高，且洛旱 11 最高；运旱 618、长麦 251 较低，且长麦 251 最低。花后 30～35 d 籽粒灌浆速率洛旱 11 最高，长麦 251 最低。可见，低产品种花后籽粒灌浆速率在中后期洛旱 11 最高。

三、不同旱地小麦品种产量及其构成的差异

由表 6-1 可看出，穗数、穗粒数、理论产量、实际产量均以高产品种较高。高产品种中千粒重运旱 20410、运旱 22-33 较高，运旱 805、石麦 19 号较低；穗粒数、理论产量、实际产量低蛋白品种临 Y8159、石麦 19 号较高，且穗粒数、实际产量与高蛋白品种差异显著，其中石麦 19 号最高。高产高蛋白品种穗粒数、理论产量、实际产量运旱 20410、运旱 805 较高，且运旱 20410 最高；运旱 21-30、运旱 22-33 较低，且穗粒数运旱 22-33 最低，理论产量、实际产量运旱 21-30 最低。穗数运旱 805 最高。

表 6-1　不同小麦品种产量及其构成的差异

类型	品种	穗数 （万株/hm²）	穗粒数	千粒重 （g）	理论产量 （kg/hm²）	实际产量 （kg/hm²）
高产高蛋白	运旱 20410	253.50c	31.75d	43.37a	3 490.98bc	2 684.93c
	运旱 805	262.00bc	32.20c	38.49c	3 420.40cd	2 651.00c
	运旱 21-30	256.50c	31.65d	40.02b	3 247.78e	2 477.39d
	运旱 22-33	256.00c	30.20e	43.39a	3 354.13de	2 523.27d
高产低蛋白	临 Y8159	276.50b	33.75b	40.70b	3 605.59b	2 847.31b
	石麦 19 号	295.50a	34.85a	38.45c	3 958.75a	2 974.93a
平均值		266.67	32.40	40.74	3512.94	2693.14
低产高蛋白	运旱 618	234.00a	28.15c	42.04e	2 769.63ab	2 191.01a
	长麦 251	222.00bcd	32.70a	36.27g	2 632.88bc	2 028.65b
	洛旱 9 号	214.00cde	20.30h	53.42a	2 320.56ef	1 841.22cd
	长 6359	213.00cde	25.05e	42.20e	2 251.23f	1 792.77d
	运旱 719	225.00abc	29.65b	38.84f	2 590.69c	1 989.23b
	洛旱 6 号	218.50cde	24.70ef	52.09b	2 810.74a	2 069.04ab
低产低蛋白	长麦 6697	232.00ab	26.25d	41.87e	2 549.93cd	1 984.76b
	洛旱 11	212.00de	22.85g	51.02c	2 471.71cde	1 850.49cd
	洛旱 13	207.50e	24.50f	47.11d	2 394.84def	1 938.80bc
	石麦 15 号	217.50cde	28.15c	39.18f	2 399.20def	1 784.95d
平均值		219.55	26.23	44.40	2 519.14	1 947.09

低产高蛋白品种千粒重洛旱 9 号最高，长麦 251 最低；穗数、穗粒数、理论产量、实际产量运旱 618、长麦 251 较高，且穗数、理论产量、实际产量运旱 618 最高，穗粒数长麦 251 最高；洛旱 9 号、长 6359 较低，且穗数、理论产量、实际产量长 6359 最低，穗粒数洛旱 9 号最低。低产低蛋白品种穗数、理论产量、实际产量运旱 719、洛旱 6 号、长麦 6697 较高，且穗数长麦 6697 最高，理论产量、实际产量洛旱 6 号最高；洛旱 11、洛旱 13、石麦 15 号较低，且穗数以洛旱 13 最低，理论产量、实际理论石麦 15 号最低。穗粒数运旱 719、长麦 6697、石麦 15 较高，且运旱 719 最高；洛旱 6 号、洛旱 11、洛旱 13 较低，且洛旱 11 最低。而千粒重洛旱 6 号最高。

第二节 旱地小麦蓄水保墒技术下播种方式对产量形成的影响

由表 6-2 可见，休闲期深翻后，与探墒沟播、常规条播相比，膜际条播提高了穗数、籽粒产量；与常规条播、膜际条播相比，探墒沟播提高了千粒重。在探墒沟播条件下，随播量增加，穗数、穗粒数、千粒重、籽粒产量先升高后降低，且处理间差异显著；膜际条播条件下，在 75～120 kg/hm² 范围内，穗数、籽粒产量先升高后降低，播量 90 kg/hm² 水平最高且与其他处理差异显著；常规条播条件下，播量 90 kg/hm² 水平穗数、籽粒产量最高且与其他处理差异显著。可见，旱地小麦休闲期深翻后，播量主要通过穗数影响籽粒产量，播量 90 kg/hm² 有利于产量的提高。

表 6-2 休闲期深翻模式下播种方式配播量对小麦产量及构成的影响

播种方式	播量 (kg/hm²)	穗数 (万株/hm²)	穗粒数	千粒重 (g)	产量 (kg/hm²)
	90	349.96c	34.80b	43.70b	4 249.8c
探墒沟播	105	394.99a	36.00a	44.30a	4 763.5a
	120	367.59b	33.60c	42.20c	4 599.6b

（续）

播种方式	播量 （kg/hm²）	穗数 （万株/hm²）	穗粒数	千粒重 （g）	产量 （kg/hm²）
膜际条播	60	443.40d	36.40b	40.90a	4 989.3c
	75	454.27c	33.00c	39.70b	4 851.2c
	90	489.98a	37.60a	41.20a	5 841.5a
	105	465.59b	29.80d	41.20a	5 389.3b
	120	453.45c	30.10d	41.30a	4 851.2c
常规条播	60	355.71e	34.90a	42.10b	4 220.4b
	75	373.07d	31.40b	42.90a	4 116.2b
	90	444.22a	30.10bc	42.20ab	4 898.2a
	105	398.64c	30.40bc	42.10b	4 349.0b
	120	416.91b	29.60c	40.20c	4 192.4b

第三节　旱地小麦蓄水保墒技术下氮肥对产量形成的影响

由表 6-3 可见，休闲期深翻后，穗数显著提高，穗粒数提高且施氮量 90 kg/hm²、120 kg/hm²、180 kg/hm²、210 kg/hm² 时差异显著，千粒重在施氮量 0 kg/hm²、90 kg/hm²、150 kg/hm²、180 kg/hm²、210 kg/hm² 时提高，且施氮量 0 kg/hm²、90 kg/hm²、210 kg/hm² 时差异显著，产量显著提高，生物量提高，且在施氮量 0～180 kg/hm² 时差异显著，收获指数在施氮量 0 kg/hm²、120 kg/hm² 时显著提高。休闲期深翻条件下，随着施氮量增加，穗数、穗粒数、产量和生物量呈先增加后降低的趋势，施氮量 180 kg/hm² 时达到最大，且穗粒数和生物量其与施氮量 0～150 kg/hm² 差异显著，产量其与施氮量 0～120 kg/hm² 差异显著，而千粒重呈先降低后升高再降低的趋势，施氮量 180 kg/hm² 时最高，收获指数呈逐渐降低的趋势。休闲期免耕条件下，随着施氮量的增加，穗数、产量和生物量分别呈先增加后降低的趋势，在施氮量 180 kg/hm²时达到最大值，且施氮量 180 kg/hm²产量和生物量显著高于其他处理，收获指数呈先增加后降低再升高的趋势，施氮量 90 kg/hm²时达到最大值。可见，在一定范围内，穗数、产量和生物量随着施氮量增加而增加，且休闲期深翻条件下施氮量为 180 kg/hm²时效果最好，而穗粒数和千粒重变化规律不一致。

表 6-3 休闲期深翻配施氮肥对产量形成的影响

耕作方式	施氮量 (kg/hm²)	穗数 (万株/hm²)	穗粒数	千粒重 (g)	产量 (kg/hm²)	生物量 (kg/hm²)	收获指数
深翻模式	0	518.50d	35.66c	40.52b	4 973.28c	15 014.11e	0.33a
	90	529.00cd	36.01c	39.65d	5 236.39b	16 190.34d	0.32b
	120	553.00ab	36.97b	39.14e	5 333.26b	16 604.47cd	0.32b
	150	550.00ab	37.06b	40.07c	5 659.76a	18 227.80b	0.31c
	180	560.50a	37.75a	40.78a	5 784.24a	19 055.78a	0.30c
	210	541.00bc	36.79b	39.88cd	5 060.77c	16 890.14c	0.30c
免耕模式	0	480.00d	35.30bc	39.65a	4 592.34d	14 638.53d	0.31b
	90	514.00bc	35.16c	38.86c	4 909.66c	14 650.61d	0.34a
	120	536.00a	35.33bc	39.70a	4 893.82c	15 734.55c	0.31b
	150	526.50ab	36.65a	39.72a	5 205.19b	16 565.84b	0.31b
	180	539.00a	36.98a	40.33a	5 357.09a	18 147.47a	0.30b
	210	499.00c	35.71b	38.89b	4 929.35c	15 804.42c	0.31b

第四节 旱地小麦蓄水保墒技术下 磷肥对产量形成的影响

一、旱地小麦蓄水保墒技术下磷肥对花后籽粒千粒重动态变化的影响

随籽粒灌浆的进行，籽粒千粒重逐渐增加（图 6-3）。休闲期深翻条件下，随施磷量增加，花后籽粒千粒重均呈先升高后降低的单峰曲线变化，以施磷量 150 kg/hm²处理显著最高，225 kg/hm²

处理次之，375 kg/hm²处理显著最低，且花后5～35 d籽粒千粒重各处理间差异显著。可见，休闲期深翻条件下，施磷150 kg/hm²有利于花后籽粒千粒重提高，施磷对花后5～35 d籽粒千粒重影响尤为明显。

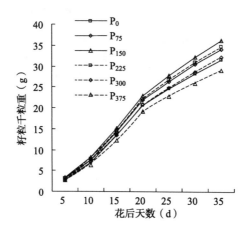

图 6-3　休闲期深翻条件下施磷量对籽粒千粒重动态变化的影响

二、旱地小麦蓄水保墒技术下磷肥对花后籽粒灌浆速率动态变化的影响

随籽粒灌浆的进行，籽粒灌浆速率呈先升高后降低的单峰曲线变化，在花后15～20 d籽粒灌浆速率达到最大（图6-4）。休闲期深翻条件下，随施磷量的增加，籽粒灌浆速率呈先升高后降低的单峰曲线变化，施磷量150 kg/hm²处理显著最高，225 kg/hm²处理次之，375 kg/hm²处理显著最低，且花后15～20 d、25～30 d各处理间差异显著。可见，休闲期深翻条件下，施磷150 kg/hm²有利于籽粒灌浆速率提高，施磷对花后15～20 d、25～30 d籽粒灌浆速率影响尤为明显。

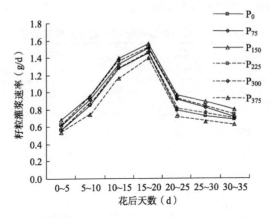

图 6-4　休闲期深翻条件下施磷量对籽粒灌浆速率动态变化的影响

三、旱地小麦蓄水保墒技术下磷肥对产量及其构成因素的影响

旱地小麦休闲期深翻较免耕，穗数显著提高；穗粒数施磷量 0 kg/hm²、75 kg/hm²、150 kg/hm² 条件下提高，且 75 kg/hm² 条件下差异显著，施磷量 225 kg/hm²、300 kg/hm²、375 kg/hm² 条件下降低；千粒重 75 kg/hm²、150 kg/hm²、225 kg/hm² 条件下提高，施磷量 0 kg/hm²、300 kg/hm²、375 kg/hm² 条件下降低；理论产量提高，且施磷量 0 kg/hm²、75 kg/hm²、150 kg/hm² 条件下差异显著；实际产量显著（除 P_{375} 条件下）提高（表 6-4）。随施磷量增加，穗数、千粒重、理论产量、实际产量呈先升高后降低的单峰曲线，施磷量 150 kg/hm² 处理显著最高（除深翻下穗数），225 kg/hm² 处理次之，穗数、理论产量、实际产量深翻下 0 kg/hm² 处理显著最低，千粒重深翻下 375 kg/hm² 处理最低，免耕下施磷量 0 kg/hm² 处理最低；穗粒数深翻下施磷量 150 kg/hm² 处理最高、225 kg/hm² 处理最低，免耕下 375 kg/hm² 处理最高、75 kg/hm² 处理显著最低。可见，休闲期深翻有利于提高旱地小麦穗数，且配施磷肥 150 kg/hm² 效果更佳，尤其提高了籽粒千粒重，从而提高理论产量和实际产量，

施磷对小麦穗数有较大的调控效应。

表 6-4　休闲期耕作配施磷肥对产量及其构成的影响

耕作方式	施磷量	穗数 （万株/hm²）	穗粒数	千粒重 （g）	实际产量 （kg/hm²）
深翻模式	0	479.00g	35.35bcd	34.25c	4 641.71f
	75	510.85e	35.42bc	35.44b	5 168.88e
	150	552.25a	36.56ab	36.55a	6 050.70a
	225	546.86a	34.64cd	35.72b	5 766.46b
	300	532.16bc	36.38ab	34.65c	5 696.93b
	375	531.92bc	36.16ab	34.21c	5 276.48de
免耕模式	0	466.01h	34.09d	34.41c	4 365.63g
	75	489.29f	32.06e	35.23b	4 462.02g
	150	535.59b	36.01ab	36.51a	5 745.20b
	225	525.10cd	35.70bc	35.50b	5 429.90c
	300	523.34d	36.52ab	34.68c	5 325.55cd
	375	514.03e	37.04a	34.50c	5 231.45de

第五节　旱地小麦蓄水保墒技术下氮磷配施对产量形成的影响

一、旱地小麦蓄水保墒技术下氮磷配施对花后籽粒千粒重动态变化的影响

随花后天数的推移，籽粒千粒重逐渐增加，花后 5～20 d 千粒重迅速增多，花后 25～35 d 增加速度略变缓，成熟期达到最大值（图 6-5）。增加施氮量，花后 5～35 d 籽粒千粒重在氮磷比 1∶0.5 和 1∶1 条件下增加，在氮磷比 1∶0.75 条件下减少，且花后 10～35 d 各处理间差异显著，花后 5 d 千粒重在氮磷比 1∶0.75 和 1∶1 条件下差异显著。施氮量为 150 kg/hm² 时，增加施磷量，花后 5 d、15 d、20 d 和 35 d 籽粒千粒重逐渐减少，花后 10 d、25 d

和 30 d 籽粒千粒重先增后减，且花后 5 d、15 d、20 d 和 30 d 籽粒千粒重各处理间差异显著，10 d、25 d 和 35 d 籽粒千粒重以氮磷比 1∶1 条件下显著最低；施氮量为 180 kg/hm² 时，增加施磷量，花后 5~35 d 籽粒千粒重先减后增，且各处理间差异显著，氮磷比 1∶1 条件下显著最高。

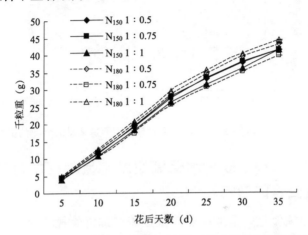

图 6-5　休闲期深翻配施氮磷肥对籽粒千粒重动态变化的影响

二、旱地小麦蓄水保墒技术下氮磷配施对花后籽粒灌浆速率动态变化的影响

随灌浆进程的推移，籽粒灌浆速率呈单峰曲线变化趋势，且在花后 15~20 d 出现峰值（图 6-6）。增加施氮量，可提高氮磷比 1∶0.5 条件下 5~35 d 籽粒灌浆速率，提高氮磷比 1∶0.75 条件下 10~15 d 和 30~35 d 籽粒灌浆速率，提高氮磷比 1∶1 条件下 0~30 d 籽粒灌浆速率。施氮量为 150 kg/hm² 时，增加施磷量，花后 0~5 d、10~15 d、15~20 d 籽粒灌浆速率逐渐降低，5~10 d、20~25 d、25~30 d 籽粒灌浆速率先升后降，30~35 d 籽粒灌浆速率先降后升；施氮量为 180 kg/hm² 时，增加施磷量，花后 0~30 d 籽粒灌浆速率先降后升，30~35 d 先升后降。

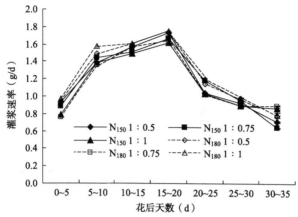

图 6-6　休闲期深翻配施氮磷肥对籽粒灌浆速率动态变化的影响

三、旱地小麦蓄水保墒技术下氮磷配施对产量及其构成因素的影响

增加施氮量，旱地小麦产量显著增加（除氮磷比 1：1 条件外），穗数在氮磷比 1：0.5 和 1：0.75 条件下显著增加，穗粒数显著增加，千粒重在氮磷比 1：0.5 和 1：1 条件下显著增加，穗数增加 3.49％～4.75％，穗粒数增加 5.41％～8.06％，千粒重增加 5.98％～7.45％，产量提高 1.23％～13.97％（表 6-5）。

表 6-5　休闲期深翻配施氮磷肥对产量及其构成因素的影响

施氮量 (kg/hm²)	氮磷比	穗数 (万株/hm²)	穗粒数	千粒重 (g)	产量 (kg/hm²)
	1：0.5	458.25e	33.11bc	42.44b	5 293.05d
150	1：0.75	487.00bc	31.77c	42.87b	5 356.50cd
	1：1	497.50ab	32.37c	42.15b	5 641.45bc
	1：0.5	480.00cd	35.00a	44.98a	5 945.33ab
180	1：0.75	504.00a	34.33ab	40.69c	6 104.85a
	1：1	470.44de	34.12ab	45.29a	5 710.70b

　　施氮量为 150 kg/hm² 时，增加施磷量，穗数和籽粒产量逐渐增加，且产量在氮磷比 1：1 条件下最高，穗粒数先减后增，千粒重先增后减；施氮量为 180 kg/hm² 时，增加施磷量，穗数和籽粒产量先增后降，且穗数氮磷比 1：0.75 条件下最高，穗粒数逐渐降低，千粒重先减后增。总之，休闲期采用深翻耕作，施氮肥 180 kg/hm² 氮磷比 1：0.75 条件下产量最高。

第六节 结 论

　　(1) 旱地小麦高产品种运旱 20410、临 Y8159 的花后 5d、25～35d 籽粒千粒重较高，运旱 20410 最高；高产高蛋白品种穗粒数、理论产量、实际产量运旱 20410、运旱 805 较高，运旱 20410 最高。

　　(2) 旱地小麦休闲期深翻后，播量主要通过穗数影响籽粒产量，探墒沟播配播量 105 kg/hm²、膜际条播配播量 90 kg/hm²，配施氮肥 180 kg/hm²、磷肥 150 kg/hm² 时有利于产量的提高。

主要参考文献

蔡瑞国，张敏，戴忠民，等，2006. 施氮水平对优质小麦旗叶光合特性和子粒生长发育的影响 [J]. 植物营养与肥料学报 (1)：49-55.

曹承富，孔令聪，汪建来，等，2005. 施氮量对强筋和中筋小麦产量和品质及养分吸收的影响 [J]. 植物营养与肥料学报 (1)：46-50.

曾广伟，林琪，姜雯，等，2009. 不同土壤水分条件下施磷量对小麦干物质积累及耗水规律的影响 [J]. 麦类作物学报，29 (5)：849-854.

崔丽娜，李庆方，尚月敏，等，2015. 不同播量对冬小麦产量及产量构成的影响 [J]. 安徽农业科学 (36)：38-39.

崔贤，2005. 沟播小麦高产高效技术的研究 [D]. 北京：中国农业大学.

黄峰，郭世昌，卢琳，2002. 旱地小麦沟播技术研究 [J]. 耕作与栽培 (5)：19.

姜宗庆，封超年，黄联联，等，2006. 施磷量对小麦物质生产及吸磷特性的影

响 [J]. 植物营养与肥料学报, 12 (5): 628-634.

金玉红, 张开利, 张兴春, 等, 2009. 双波长法测定小麦及小麦芽中直链、支链淀粉含量 [J]. 中国粮油学报, 24 (1): 137-140.

刘小丽, 王凯, 杨珍平, 等, 2018. 播期与播种方式的不同配套对一年两作区旱地冬小麦农艺性状及产量的影响 [J]. 华北农学报, 33 (2): 232-238.

罗宏博, 海江波, 白银萍, 等, 2016. 穴播栽培对冬小麦生理特性及干物质积累的影响 [J]. 西北农业学报, 25 (6): 841-848.

南京农学院, 1996. 土壤农化分析 [M]. 北京: 中国农业出版社.

王芳, 赵玉兰, 孔丽红, 等, 2010. 氮素运筹对小麦产量及产量构成因素的影响 [J]. 山西农业科学, 38 (4): 30-32+41.

王桂良, 叶优良, 李欢欢, 等, 2010. 施氮量对不同基因型小麦产量和干物质累积的影响 [J]. 麦类作物学报, 30 (1): 116-122.

王荣辉, 王朝辉, 李生秀, 等, 2011. 施磷量对旱地小麦氮磷钾和干物质积累及产量的影响 [J]. 干旱地区农业研究, 29 (1): 115-121.

王同朝, 卫丽, 吴克宁, 等, 2000. 旱农区水磷耦合效应对春小麦产量和水分利用效率的影响 [J]. 农业工程学报, 16 (1): 53-55.

席晋飞, 杨珍平, 张定宇, 等, 2012. 肥密运筹对晋中晚播小麦籽粒产量及品质的影响 [J]. 山西农业大学学报, 32 (2): 112-117.

薛远赛, 朱玉鹏, 林琪, 等, 2016. 沟播对盐碱地小麦光合日变化及产量的影响 [J]. 西南农业学报, 29 (11): 2554-2559.

杨珍平, 周乃健, 苗果园, 2004. 晋中晚熟冬麦区不同群体模式小麦光合性能分析 [J]. 作物学报, 30 (9): 878-882.

岳俊芹, 邵运辉, 陈远凯, 等, 2006. 播种方式对土壤温度和水分及小麦产量的影响 [J]. 麦类作物学报, 26 (5): 140-142.

张定一, 党建友, 王姣爱, 等, 2007. 施氮量对不同品质类型小麦产量、品质和旗叶光合作用的调节效应 [J]. 植物营养与肥料学报 (4): 535-542.

朱翠林, 李锐宁, 张保军, 等, 2010. 旱肥地密度对大穗型冬小麦品种生育特性及产量的影响 [J]. 西北农业学报, 19 (1): 71.

ARDUINI I, MASONI A, ERCOLI L, et al., 2006. Grain yield, and dry matter and nitrogen accumulation and remobilization in durum wheat as affected by variety and seeding rate [J]. European Journal of Agronomy, 25 (4): 309-318.

GRANT C A, FLATEN D N, TOMASIEWICZ D J, et al., 2001. The importance ofearly season phosphorus nutrition [J]. Canadian Journal of Plant Science

(81): 211-224.

HE J, K N J, ZHANG X M, et al. , 2009. Effects of 10 years of conservation tillage on soil properties and productivity in the farming-pastoral ecotone of Inner Mongolia, China [J]. Soil Use and Management, 25 (2): 201-209.

MAHLER R L, KOEHLER F E, LUTCHER L K, 1994. Nitrogen source, timing of application, and placement: Effects on winter wheat production [J]. Agronomy Journal, 86 (4): 637-642.

OSAKI M, FUJISAKI Y, MORIKAWA K, et al. , 1993. Productivity of high-yielding crops [J]. Soil Science and Plant Nutrition, 37 (4): 445-454.

SHAO K, Li J W, YU L H, et al. , 2016. Effect of plant and row spacing on growth and yield of post-anthesis individual in spring wheat [J]. Journal of Triticeae Crops, 36 (4): 465.

STEPHEN R C, SAVILLE D J, DREWITT E G, 2005. Effects of wheat seed rate and fertiliser nitrogen application practices on populations, grain yield components and grain yields of wheat (*Triticum aestivum*) [J]. New Zealand Journal of Experimental Agriculture, 33 (2): 125-138.

第七章　旱地小麦水、氮利用效率的研究

　　旱作麦区自然降水少且分布不均匀的特点、氮肥一炮轰的施肥方式，是导致水、氮利用效率低的主要原因。生产上在休闲期采用蓄水保墒措施已经较多，如何将蓄保于土壤中的水分、养分高效利用，是科学家一直研究的课题。李廷亮等（2011）研究发现，覆膜垄沟种植方式可减少土壤水分损耗，水分利用效率为 11.60 kg/（hm² · mm），显著高于其他处理；追肥处理能有效促进小麦生育中后期对氮素的吸收利用，在基施氮量 165 kg/hm² 上再追肥 30 kg/hm²，地上部分吸氮总量增加 15.45 kg/hm²，追肥氮的利用率显著高于基肥氮利用率，为 51.5%。全膜覆土穴播可促进旱地小麦植株氮素吸收和运转，提高穗数和产量，最终获得较高的氮素吸收效率、氮素收获指数、氮素利用效率和氮肥生产效率（董石峰等，2018）。旱地小麦休闲期深松蓄水配套播量 90 kg/hm² 有利于形成冬前壮苗；有利于开花期各器官氮素积累，促进开花前叶片和颖壳＋穗轴中积累的氮素向籽粒转移；有利于形成有效穗数，构建合理群体，提高产量、水分利用效率、氮素吸收效率和氮肥生产效率（薛玲珠等，2017）。与常规条播处理相比，探墒沟播处理显著提高了生育期总耗水量（增幅 2.0%～4.8%）和植株各生育时期氮素积累量，从而使产量显著提高 6.8%～12.4%、生育期水分利用效率提高 4.5%～7.2%、氮肥吸收效率提高 4.4%～10.3%、氮肥偏生产力提高 6.9%～12.4%（赵杰等，2021）。

　　氮肥在不同旱地小麦种植地区，适宜施氮量有所不同。王兵等（2008）研究表明，施用氮肥提高旱地小麦水分利用效率。陈辉林等（2010）研究表明，在渭北旱塬区，施氮量为 120 kg/hm² 的小麦产量与当地传统施氮量 180 kg/hm² 的无显著差异，但可提高水

分利用效率。李裕元等（2000）研究表明，施氮对豫西黄土丘陵区小麦土壤水分变化动态影响较小，但可显著提高产量和水分利用效率，适宜施氮量为 138 kg/hm²。张睿等（2011）研究表明，在高量施肥水平基础上氮肥减少 75 kg/hm²，小麦产量可增加 569.85 kg/hm²，增产幅度达 8.1%；高量减氮施肥处理比农民习惯施肥处理增产 11.3%，肥料对产量的贡献率 12.3%，比对照提高 9.9 个百分点；水分利用效率达到 19.8 kg/（hm²·mm），比对照提高 16.5%。休闲期深翻有利于蓄保休闲期降水，提高底墒，其保水效果至孕穗期仍达显著水平，有利于植株花前氮素运转和花后氮素积累，且配施磷肥 150 kg/hm² 效果显著，水分利用效率、氮肥吸收效率、氮肥生产效率也较高（王帅，2016；雷妙妙，2018）。

本文研究不同栽培措施对自然降水的利用效率和氮效率，明确高效生产的适宜栽培措施，为旱作麦区高效生产提供技术支持。

第一节　不同旱地小麦品种水、氮利用效率的差异

一、不同旱地小麦品种水分利用效率的差异

由表 7-1 可看出，不同品种小麦水利用效率以高产品种较高，且与低产品种差异显著。高产品种水分利用效率临 Y8159、石麦 19 号较高，且石麦 19 号最高；运旱 20410、运旱 805 较低，且运旱 805 最低。低产品种水分利用效率运旱 618、长麦 6697 较高，且运旱 618 最高；长麦 251、洛旱 11 较低，且长麦 251 最低。可见，高产品种的自然降水利用效率较高。

表 7-1　不同品种水分利用效率的差异

类型	品种	处理前土壤蓄水量（mm）	收获期土壤蓄水量（mm）	总耗水量（mm）	水分利用率 [kg/（hm²·mm）]
高产高蛋白	运旱 20410		307.31	447.17	6.00ab
	运旱 805	411.58	310.73	443.75	5.97b
高产低蛋白	临 Y8159		293.68	460.80	6.18ab
	石麦 19 号		280.21	474.27	6.27a
平均值			297.98	456.50	6.11

（续）

类型	品种	处理前土壤蓄水量（mm）	收获期土壤蓄水量（mm）	总耗水量（mm）	水分利用率[kg/（hm²·mm）]
低产高蛋白	运旱 618		258.39	496.09	4.42c
	长麦 251	411.58	260.24	494.24	4.10d
低产低蛋白	长麦 6697		295.43	459.05	4.32c
	洛旱 11		300.49	453.99	4.27c
平均值			278.64	475.84	4.28

二、不同旱地小麦品种氮效率的差异

由表 7-2 可看出，不同品种小麦氮素吸收效率、氮素利用效率、氮素生产效率均以高产品种较高，且氮素吸收效率、氮素生产效率高产品种与低产品种差异显著。

表 7-2　不同品种氮效率的差异

类型	品种	氮素吸收效率（kg/kg）	氮素收获指数	氮素利用效率（kg/kg）	氮素生产效率（kg/kg）
高产高蛋白	运旱 20410	0.61a	0.73ab	29.52b	17.90c
	运旱 805	0.60a	0.76a	29.48b	17.67c
高产低蛋白	临 Y8159	0.59a	0.71b	32.34a	18.98b
	石麦 19 号	0.58a	0.69bc	33.98a	19.83a
低产高蛋白	运旱 618	0.50b	0.77a	29.47b	14.61d
	长麦 251	0.47b	0.69bc	28.72b	13.52e
低产低蛋白	长麦 6697	0.46bc	0.65c	28.53b	13.23e
	洛旱 11	0.43c	0.65c	28.70b	12.34f

高产品种氮素吸收效率、氮素收获指数以运旱 20410、运旱 805 较高，且氮素吸收效率运旱 20410 最高，氮素收获指数运旱 805 最高；临 Y8159、石麦 19 号较低，且石麦 19 号最低。氮素利用效率和氮素生产效率临 Y8159、石麦 19 号较高，且石麦 19 号最高；运旱

20410、运旱 805 较低，且运旱 805 最低。

低产品种氮素吸收效率、氮素收获指数、氮素利用效率、氮素生产效率均以运旱 618、长麦 251 较高，且运旱 618 最高；长麦 6697、洛旱 11 较低，且氮素吸收效率、氮素收获指数、氮素生产效率洛旱 11 最低，而氮素利用效率长麦 6697 最低。

第二节 旱地小麦蓄水保墒技术下播种方式对水、 氮利用效率的影响

一、旱地小麦蓄水保墒技术下播种方式对水分利用效率的影响

由表 7-3 可见，休闲期深翻后，与探墒沟播、常规条播相比，膜际条播提高了旱地小麦总耗水量及其水分利用效率。采用探墒沟播，随播量的增加，水分利用效率先升高后降低，播量 105 kg/hm² 最高；采用膜际条播，在 75～120 kg/hm² 范围内，生育期总耗水量、水分利用效率随播量增加先升高后降低，播量 90 kg/hm² 最高且生育期总耗水量差异显著；采用常规条播，随播量的增加，生育期总耗水量先升高后降低，播量 90 kg/hm² 最高，水分利用效率在 75～120 kg/hm² 范围内随播量增加先升高后降低，播量 90 kg/hm² 最高。可见，休闲期深翻后，采用膜际条播和常规条播均配播量 90 kg/hm²、探墒沟播配播量 105 kg/hm² 时，可增加生育期总耗水量，提高水分利用效率。

表 7-3 休闲期深翻模式下播种方式配套播量对水分利用效率的影响

播种方式	播量 (kg/hm²)	处理前土壤蓄水量 (mm)	生育期降水量 (mm)	成熟期土壤蓄水量 (mm)	总耗水量 (mm)	水分利用效率 [kg/ (hm²·mm)]
探墒沟播	90	445.33	292.10	379.42	358.01b	11.87c
	105	445.33	292.10	385.42	352.01c	13.53a
	120	445.33	292.10	362.34	375.09a	12.26b

（续）

播种方式	播量 (kg/hm²)	处理前土壤 蓄水量 (mm)	生育期 降水量 (mm)	成熟期土壤 蓄水量 (mm)	总耗水量 (mm)	水分 利用效率 [kg/（hm²·mm)]
膜际条播	60	427.95	292.10	336.89	383.16d	13.02a
	75	427.95	292.10	341.30	378.75e	12.81a
	90	427.95	292.10	294.32	425.73a	13.72a
	105	427.95	292.10	312.61	407.44b	13.23a
	120	427.95	292.10	317.65	402.40c	12.06b
常规条播	60	406.38	292.10	358.27	340.21d	12.41a
	75	406.38	292.10	355.57	342.91d	12.00b
	90	406.38	292.10	316.19	382.28a	12.81a
	105	406.38	292.10	334.09	364.38b	11.94b
	120	406.38	292.10	340.18	358.29c	11.70b

二、旱地小麦蓄水保墒技术下播种方式对氮效率的影响

由表 7-4 可见，休闲期深翻后，随播量的增加，氮素吸收效率、氮素收获指数、氮肥生产效率呈先升高后降低的趋势；采用膜际条播配播量 90 kg/hm² 和探墒沟播配播量 105 kg/hm²，氮素吸收效率、氮素收获指数、氮肥生产效率显著高于其他膜际条播、探墒沟播处理。采用常规条播，播量 90 kg/hm² 处理氮素吸收效率显著高于其他常规条播处理，氮素收获指数、氮肥生产效率高于其他常规条播处理。

表 7-4　不同播种方式配套播量对小麦氮效率的影响

播种方式	播量 (kg/hm²)	氮素吸收率 (kg/kg)	氮素收获指数	氮素利用效率 (kg/kg)	氮素生产效率 (kg/kg)
探墒沟播	90	0.89c	85.10c	31.66a	28.33c
	105	1.07a	87.53a	30.95a	33.09a
	120	0.97b	86.23b	31.67a	30.66b

（续）

播种方式	播量 (kg/hm²)	氮素吸收率 (kg/kg)	氮素收获指数	氮素利用效率 (kg/kg)	氮素生产效率 (kg/kg)
膜际条播	60	0.75e	82.20d	42.35a	31.73d
	75	0.85d	84.30c	39.66b	33.67c
	90	1.03a	87.04a	39.14bc	40.28a
	105	0.93b	85.65b	38.72bc	35.98b
	120	0.91c	85.33b	38.45c	34.94b
常规条播	60	0.66e	79.87d	41.62a	27.57d
	75	0.75d	82.20c	38.48b	28.82c
	90	0.86a	84.50c	36.92c	31.75a
	105	0.85b	84.30a	34.30d	29.12b
	120	0.80c	83.24b	38.00bc	30.24a

第三节　旱地小麦蓄水保墒技术下氮肥对水、氮利用效率的影响

一、旱地小麦蓄水保墒技术下氮肥对水分利用效率的影响

由表 7-5 可见，休闲期深翻较免耕，播种期土壤蓄水量提高，收获期 0～300 cm 土壤蓄水量显著提高，耗水量降低且 0～180 kg/hm² 差异显著，水分利用效率（除施氮量 210 kg/hm² 外）提高且 0 kg/hm² 条件下差异显著。休闲期深翻条件下，随着施氮量的增加，收获期蓄水量呈逐渐降低的趋势，而耗水量逐渐增加，水分利用效率施氮量为 150 kg/hm² 达到最大值。休闲期免耕条件下，随着施氮量的增加，收获期蓄水量呈逐渐降低的趋势，而耗水量呈逐渐增加的趋势，水分利用效率施氮量 150 kg/hm² 时达到最大。可见，增加施氮量增加了对土壤水分的消耗，降低了土壤水分，且休闲期深翻有利于水分利用效率的提高，结合产量综合考虑，施氮量为

150 kg/hm² 时效果最好。

表 7-5　休闲期深翻配施氮肥对旱地小麦水分利用效率的影响

耕作方式	施氮量 (kg/hm²)	播种期 蓄水量 (mm)	生育期 降水量 (mm)	收获期 蓄水量 (mm)	耗水量 (mm)	水分利用效率 [kg/ (hm² · mm)]
深翻模式	0	607.57a	151.10	382.47a	376.20d	12.87a
	90	607.57a	151.10	362.91b	395.77c	12.84a
	120	607.57a	151.10	353.86bc	404.82bc	12.61a
	150	607.57a	151.10	348.44cd	410.24bc	12.99a
	180	607.57a	151.10	341.76de	416.92ab	12.88a
	210	607.57a	151.10	330.03e	428.64a	11.50b
免耕模式	0	593.04a	151.10	352.67a	391.46d	12.47ab
	90	593.04a	151.10	339.33b	404.81cd	12.73a
	120	593.04a	151.10	328.14c	416.00bc	12.21b
	150	593.04a	151.10	320.25cd	423.89ab	12.69ab
	180	593.04a	151.10	310.10de	434.04a	12.64ab
	210	593.04a	151.10	308.97e	435.17a	11.64c

二、旱地小麦蓄水保墒技术下氮肥对氮效率的影响

由表 7-6 可见,休闲期深翻较免耕,氮素吸收效率显著提高,0 kg/hm²、120 kg/hm²、180 kg/hm² 条件下氮素收获指数提高,0 kg/hm²、120 kg/hm²、180 kg/hm² 条件下氮素利用效率提高,且 0 kg/hm²、120 kg/hm² 条件下差异显著,氮素生产效率显著提高。休闲期深翻条件下,随着施氮量的增加,氮素吸收效率逐渐降低,氮素收获指数 $N_{90} > N_0 > N_{150} = N_{210} > N_{180}$,氮素利用效率 $N_0 > N_{90} > N_{120} > N_{150} > N_{210} > N_{180}$,氮素生产效率逐渐降低,且处理间差异显著。休闲期免耕条件下,随着施氮量的增加,氮素吸收效率逐渐降低,氮素收获指数 $N_{90} > N_0 > N_{150} > N_{210} (N_{120}) > N_{180}$,氮素利用效率处理间为 $N_{90} > N_0 > N_{150} > N_{120} > N_{210} > N_{180}$,氮素生

产效率逐渐降低，且处理间差异显著。可见，施氮量为 90 kg/hm²
有利于提高氮素吸收效率，且再增加施氮量不升反降。

表 7-6　休闲期深翻配施氮肥对氮效率的影响

耕作方式	施氮量 (kg/hm²)	氮素吸收 效率	氮素收获 指数	氮素利用 效率	氮素生产 效率	产量 (kg/hm²)	水分利用效率 [kg/ (hm²·mm)]
	0	—	0.84ab	35.09a	—	4 973.28c	12.87a
	90	1.58a	0.85a	34.06a	55.26a	5 236.39b	12.84a
深翻 模式	120	1.28b	0.81abc	32.40b	43.64b	5 333.26b	12.61a
	150	1.10c	0.79bc	30.40c	35.56c	5 659.76a	12.99a
	180	1.03d	0.78c	29.05c	31.44d	5 784.24a	12.88a
	210	0.95e	0.79bc	29.85c	27.54e	5 060.77c	11.50b
	0	—	0.82b	33.18b	—	4 592.34d	12.47ab
	90	1.52a	0.87a	35.03a	50.47a	4 909.66c	12.73a
免耕 模式	120	1.18b	0.79b	31.02c	41.33b	4 893.82c	12.21b
	150	1.05c	0.81b	31.34c	32.63c	5 205.19b	12.69ab
	180	0.92d	0.75c	28.91c	28.92c	5 357.09a	12.64ab
	210	0.88d	0.79b	30.58c	25.51e	4 929.35c	11.64c

第四节　旱地小麦蓄水保墒技术下磷肥对水、氮利用效率的影响

一、旱地小麦蓄水保墒技术下磷肥对水分利用效率的影响

休闲期深翻较免耕，旱地小麦植株耗水量显著提高；施磷量
0 kg/hm²、75 kg/hm²、150 kg/hm²、225 kg/hm²、300 kg/hm²条
件下水分利用效率提高，且 0 kg/hm²、75 kg/hm²、300 kg/hm²条
件下差异显著，375 kg/hm²条件下显著降低（表 7-7）。随施磷量
增加，小麦植株耗水量 0 kg/hm²处理最高，150 kg/hm²处理次之，
225 kg/hm²处理最低；水分利用效率呈先升高后降低的单峰曲线

变化，150 kg/hm² 处理最高，225 kg/hm² 处理次之，0 kg/hm² 处理最低。可见，休闲期深翻有利于提高小麦水分利用效率，且配施磷肥 150 kg/hm² 效果显著，施磷对小麦水分利用效率有较大的调控效应。

表 7-7　休闲期耕作配施磷肥对水分利用效率的影响

耕作方式	施磷量	播种期土壤蓄水量（mm）	生育期降水量（mm）	收获期土壤蓄水量（mm）	耗水量（mm）	水分利用效率 [kg/（hm²·mm）]
深翻模式	0	607.32	151.10	305.69e	452.73a	10.25i
	75	607.32	151.10	318.29c	440.13c	11.74g
	150	607.32	151.10	312.92d	445.49b	13.58a
	225	607.32	151.10	324.32b	434.09d	13.28b
	300	607.32	151.10	318.94c	439.48c	12.96c
	375	607.32	151.10	317.46c	440.96c	11.97f
免耕模式	0	590.96	151.10	307.19e	434.87d	10.04j
	75	590.96	151.10	326.23b	415.83f	10.73h
	150	590.96	151.10	317.41c	424.65e	13.53a
	225	590.96	151.10	332.08a	409.98g	13.24b
	300	590.96	151.10	324.00b	418.06f	12.74d
	375	590.96	151.10	318.99c	423.07e	12.37e

二、旱地小麦蓄水保墒技术下磷肥对氮效率的影响

休闲期深翻较免耕，氮肥吸收效率、氮肥生产效率显著提高；氮素收获指数 75 kg/hm²、300 kg/hm² 条件下提高，0 kg/hm²、150 kg/hm²、375 kg/hm² 条件下降低；氮素利用效率降低，且 0 kg/hm²、150 kg/hm²、225 kg/hm²、375 kg/hm² 条件下差异显著（表 7-8）。随施磷量的增加，氮肥吸收效率、氮肥生产效率呈先升高后降低的单峰曲线变化，150 kg/hm² 处理最高、225 kg/hm² 处理次之，氮肥吸收效率深翻模式下 0 kg/hm² 处理最低，

免耕下 375 kg/hm² 处理最低，氮肥生产效率 0 kg/hm² 处理最低，且深翻下与其他处理间差异显著；氮素收获指数深翻下 300 kg/hm² 处理最高、0 kg/hm² 处理最低，免耕下 375 kg/hm² 处理最高、75 kg/hm² 处理最低；氮素利用效率呈先降低后升高的趋势，150 kg/hm² 处理最低，且深翻下与其他处理间差异显著，375 kg/hm² 处理最高。可见，休闲期深翻有利于提高氮肥吸收效率、氮肥生产效率，且配施磷肥 150 kg/hm² 效果显著，施磷更有利于氮肥吸收效率、氮肥生产效率提高，但降低了氮素利用效率。

表 7-8　休闲期耕作配施磷肥对氮效率的影响

耕作方式	施磷量	氮肥吸收效率 （kg/kg）	氮素收获 指数	氮素利用效率 （kg/kg）	氮肥生产效率 （kg/kg）
深翻模式	0	0.92f	0.81c	33.57e	30.94g
	75	1.06d	0.83abc	32.59fg	34.46d
	150	1.34a	0.83abc	30.21i	40.34a
	225	1.23b	0.83abc	31.35h	38.44b
	300	1.12c	0.86a	33.89de	37.98b
	375	0.93f	0.85ab	37.63b	35.18d
免耕模式	0	0.82g	0.85ab	35.39c	29.10h
	75	0.90f	0.82bc	33.11ef	29.75h
	150	1.14c	0.85ab	31.95gh	36.30c
	225	1.02e	0.83bc	32.38fg	32.87e
	300	0.93f	0.85ab	34.51cd	32.17ef
	375	0.79g	0.86a	39.83a	31.54fg

第五节　旱地小麦蓄水保墒技术下氮磷配施对水、氮利用效率的影响

一、旱地小麦蓄水保墒技术下氮磷配施对水分利用效率的影响

休闲期深翻后，增加施氮量，水分利用效率在氮磷比 1∶0.5、

1：0.75 条件下显著提高，氮磷比 1：1 条件下降低。施氮量为 150 kg/hm² 时，增加施磷量，水分利用效率逐渐增加，氮磷比 1：1 时水分利用效率最高；施氮量为 180 kg/hm² 时，增加施磷量，水分利用效率先增后降，且各处理间差异显著（表 7-9）。总之，休闲期采用深翻耕作，施氮肥 180 kg/hm² 氮磷比 1：0.75 条件下，水分利用效率显著最高。

表 7-9　休闲期深翻配施氮磷肥对水分利用效率的影响

施氮量 （kg/hm²）	氮磷比	处理前 土壤蓄水量 （mm）	生育期降水量 （mm）	成熟期 土壤蓄水量 （mm）	耗水量 （mm）	水分利用效率 ［kg/（hm²·mm）］
150	1：0.5	621.16	151.10	353.56	418.70a	12.64d
	1：0.75	621.16	151.10	354.25	406.27ab	12.82d
	1：1	621.16	151.10	365.98	418.01a	13.89c
180	1：0.5	621.16	151.10	358.03	414.23a	14.35b
	1：0.75	621.16	151.10	375.62	396.63b	15.39a
	1：1	621.16	151.10	357.52	414.74a	13.77c

二、旱地小麦蓄水保墒技术下氮磷配施对氮效率的影响

由表 7-10 可看出，增加施氮量，氮素吸收效率在 1：0.5、1：1 条件下降低，1：0.75 条件下显著增加；氮素收获指数增加；氮素利用效率在 1：0.5、1：0.75 条件下降低，1：1 条件下显著增加；氮素生产效率增加。施氮量为 150 kg/hm² 时，增加施磷量，氮素吸收效率、氮素收获指数和氮素生产效率增加，氮素利用效率降低，氮素吸收效率和氮素利用效率处理间差异显著；施氮量为 180 kg/hm² 时，增加施磷量，氮素吸收效率、氮素收获指数和氮素生产效率先增后降，氮素利用效率先降后增，氮素利用效率处理间差异显著，氮素吸收效率在 1：0.75 下差异显著。

沙，2018. 深翻蓄水和磷肥对旱地小麦产量、品质及水肥利用的影响 [D]. 晋
山西农业大学.

亮，谢英荷，任苗苗，等，2011. 施肥和覆膜垄沟种植对旱地小麦产量及水
利用的影响 [J]. 生态学报，31 (1)：212-220.

元，郭永杰，邵明安，2000. 施肥对丘陵旱地冬小麦生长发育和水分利用的
响 [J]. 干旱地区农业研究 (1)：15-21.

，刘文兆，党廷辉，等，2008. 黄土塬区旱作农田长期定位施肥对冬小麦水分
用的影响 [J]. 植物营养与肥料学报，14 (5)：829-834.

，2016. 旱地小麦休闲期耕作配施磷肥对土壤水分及氮、磷利用的影响 [D].
中：山西农业大学.

珠，孙敏，高志强，等，2017. 深松蓄水增量播种对旱地小麦植株氮素吸收
用、产量及蛋白质含量的影响 [J]. 中国农业科学，50 (13)：2451-2462.

，文娟，王玉娟，等，2011. 渭北旱塬小麦高效施肥的产量及水分效应 [J]. 麦
作物学报，31 (5)：911-915.

，林文，孙敏，等，2021. 休闲期深翻和探墒沟播对旱地小麦水氮资源利用
影响 [J]. 应用生态学报，32 (4)：1307-1316.

表 7-10　休闲期深翻配施氮磷肥对氮效率

施氮量 (kg/hm²)	氮磷比	氮素吸收效率 (kg/kg)	氮素收获指数	氮素利 (kg/
	1 : 0.5	0.97d	0.83a	36.
150	1 : 0.75	1.02c	0.85ab	34.
	1 : 1	1.21a	0.86ab	31.4
	1 : 0.5	0.93d	0.84ab	36.0
180	1 : 0.75	1.12b	0.89ab	30.4
	1 : 1	0.95d	0.86b	33.5

第六节　结　　论

（1）不同品种小麦水利用效率高产品种较高，
异显著。高产品种水分利用效率临 Y8159、石麦
高产品种的自然降水利用效率较高；不同品种小麦
氮素利用效率、氮素生产效率均以高产品种较高，
收效率、氮素收获指数运旱 20410、运旱 805 较高
率运旱 20410 最高，氮素收获指数运旱 805 最高；
氮素生产效率临 Y8159、石麦 19 号较高，且石麦 1

（2）休闲期深翻后，采用膜际条播和常规
90 kg/hm²、探墒沟播配播量 105 kg/hm² 时，配施氮肥
肥 150 kg/hm² 可增加生育期耗水量，提高水分利用效
率和氮肥生产效率。

主要参考文献

陈辉林，田霄鸿，王晓峰，等，2010. 不同栽培模式对渭北旱塬
间土壤水分、温度及产量的影响 [J]. 生态学报，30（9）：242
董石峰，孙敏，高志强，等，2018. 播种方式对旱地小麦植株氮
影响 [J]. 山西农业科学，46（2）：207-210.